Paulo Jorge Magalhães Teixeira

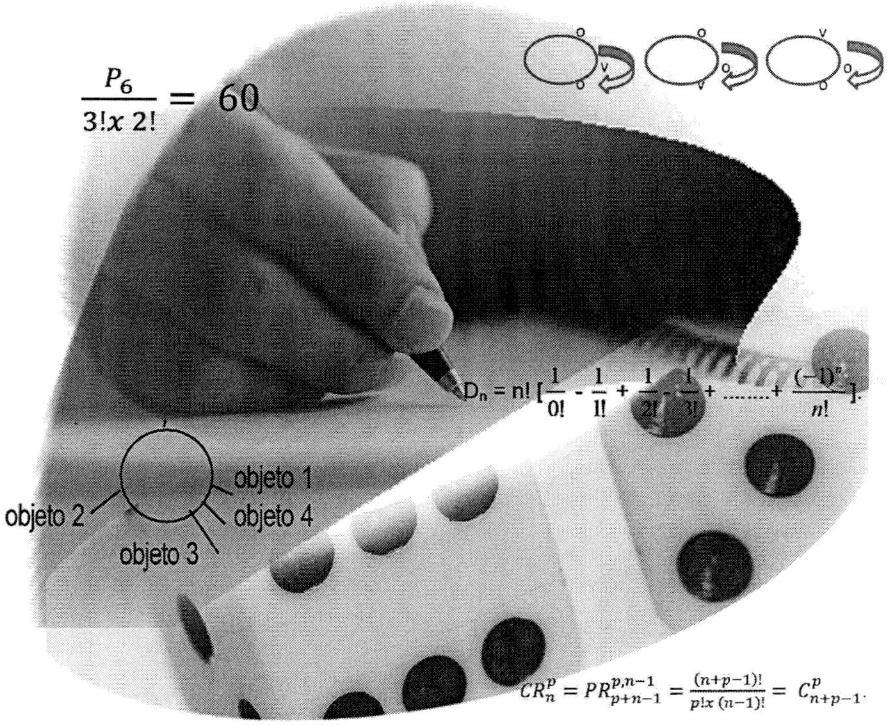

Tópicos Avançados de Análise Combinatória

Editora Ciência Moderna

Tópicos Avançados de Análise Combinatória

Editor: Paulo André P. Marques
Produção Editorial: Dilene Sandes Pessanha
Capa: Daniel Jara
Diagramação: Daniel Jara
Copidesque: Equipe Ciência Moderna

FICHA CATALOGRAFICA

TEIXEIRA, Paulo Jorge Magalhães.

Tópicos Avançados de Análise Combinatória

Rio de Janeiro: Editora Ciência Moderna Ltda., 2021.

1. Matemática 2. Análise Combinatória
I — Título

ISBN: 978-65-5842-046-0 CDD 510

Editora Ciência Moderna Ltda.
R. Alice Figueiredo, 46 – Riachuelo
Rio de Janeiro, RJ – Brasil CEP: 20.950-150
Tel: (21) 2201-6662/ Fax: (21) 2201-6896
E-MAIL: LCM@LCM.COM.BR
WWW.LCM.COM.BR

04/21

Dedico este trabalho aos meus amados e queridos pais
FERNANDO TEIXEIRA MALTA (in memoriam)
e ANA MAGALHÃES MALTA,
de quem aprendi o caminho da
honestidade, caráter, retidão, luta,
esforço, justiça, amor e trabalho,
razões de minha existência.
E, igualmente, dedico este trabalho aos queridos irmãos
HILDA, LUÍS ANTÔNIO e ELIZABETE,
presentes nesta minha conquista
e em tantas outras realizações.

Agradecimentos

Desde já, e sempre, agradecer a DEUS por permitir ter cumulado conhecimentos, saúde, lucidez e entusiasmo para concluir mais este trabalho.

Agradecimentos aos alunos

Este livro é fruto de estudos, reflexões, pesquisas e discussões acerca da prática pedagógica que o autor tem tido oportunidades de participar com o propósito de, continuamente, aprender, vivenciar, aprofundar, conhecer, partilhar e pesquisar junto com os seus alunos, a quem cabe tais agradecimentos.

Agradecimentos aos colegas professores

Este livro também é fruto de reflexões pessoais e coletivas feitas com colegas professores da Educação Básica e do Ensino Superior e alunos em formação inicial em Licenciatura em Matemática, enquanto o autor teve a oportunidade de ministrar minicursos, oficinas e cursos regulares; enquanto apresentou trabalhos em congressos, jornadas ou encontros, e com os colegas que se prontificaram a ser sujeitos de pesquisas e estudos que foram empreendidos pelo autor.

A todos vocês, que se verão aqui reconhecidos, meus agradecimentos, com a certeza de que cada um a seu modo se sentirá homenageado nas páginas deste livro. O autor considera que estava em dívida com todos, e que era preciso escrever tudo o que por anos sempre procurou ensinar e orientar.

Ver, ouvir e trocar experiências com jovens e adultos que estão aprendendo os primeiros passos da matemática (em particular, da combinatória) é gratificante para o trabalho de cada professor em seu dia a dia escolar.

Além do mais, o trabalho dos docentes não está restrito, única e exclusivamente, ao ofício de ensinar, mas de contribuir, também, para o desenvolvimento e a consecução de trabalhos de pesquisa e estudos realizados por pesquisadores, orientandos e autores.

Segundo a visão *freireana* de educação "não há ensino sem pesquisa e pesquisa sem ensino".

Os alunos remetem o professor às constantes ações crítico-reflexivas acerca de questões associadas à prática docente; à formação de professores (inicial e continuada); ao ensino e a aprendizagem do conteúdo a ensinar; aos conhecimentos pedagógicos de conteúdo; aos conhecimentos curriculares, e aos conhecimentos tecnológicos – todos eles, conhecimentos necessários ao professor para o exercício da docência.

Em sua prática docente de anos, os alunos da educação básica e da Licenciatura em Matemática remeteram este autor à constância de realizar reflexões críticas acerca dos caminhos que sua prática docente e de seus pares têm trilhado.

Reflexões no tocante ao ensino e à aprendizagem da Matemática com o propósito de identificar, a cada momento e a seu tempo, tudo o que foi preciso e devesse ter sido considerado como não bom, com o propósito de propor melhorias. Bem como em relação à prática que devesse ser (re)significada com o imediato agir do professor por meio de efetivos conhecimentos pedagógicos e/ou de conhecimentos de conteúdo.

Agradecimentos aos que me ensinaram e aos que me ensinam
Considerando que o autor se coaduna com os fundamentos teórico-metodológicos e propósitos de uma Educação Matemática Crítica (EMC), cabe agradecer aos muitos autores que forjaram seus saberes e práticas segundo os conceitos próprios à área de Educação Matemática.

De início alinham-se os propósitos do autor no que refere à docência segundo os ensinamentos de Paulo Freire e a teoria que ele elaborou, ou como ele mesmo preferia afirmar, "uma certa compreensão ético-crítico-política da educação". Acerca dessa questão, Freire (2013) ressalta que:

> É preciso que, pelo contrário, desde os começos do processo, vá ficando cada vez mais claro que, embora diferentes entre si, quem forma se forma e re-forma ao formar e quem é formado forma-se e forma ao ser formado. É neste sentido que ensinar não é transferir conhecimentos, conteúdos, nem formar é ação pela qual um sujeito criador dá forma, estilo ou alma a um corpo indeciso e acomodado. Não há docência sem discência, as duas se explicam e seus sujeitos, apesar das diferenças que os conotam, não se reduzem à condição de objeto um do outro. Quem ensina aprende ao ensinar e quem aprende ensina ao aprender. Quem ensina, ensina alguma coisa a alguém (FREIRE, 2013, p.25).

Na citação acima, Freire (2013) sintetiza o que este autor entende como a ação de ensinar e os propósitos que tomou para si quando escolheu, por vocação, a profissão de ser professor.

Com esta citação, o autor estende os agradecimentos a todos os professores que o permitiram aprender um pouco mais - e não apenas aprender um pouco da Matemática - agradecendo a todos pelos ensinamentos, os quais foram importantes, apropriados e permanecem ao longo de toda a sua formação docente, reafirmando que continua a se colocar como um eterno aprendiz, desde sempre.

Uma vez que o autor é professor, pesquisador e autor, todas as experiências que vivenciou enquanto aluno e professor permitiram-no cumular conhecimentos de conteúdo, conhecimentos pedagógicos de conteúdo e conhecimentos curriculares, por conta dos estudos que vem fazendo ao longo de muitos anos, das experiências didático-pedagógicas vivenciadas e em razão de pesquisas e estudos que tem empreendido e por conta das análises crítico-reflexivas feitas à luz dos resultados obtidos.

Assim, tomando por base os resultados das pesquisas desenvolvidas e concluídas pelo autor, lhe foi possível identificar e conhecer um pouco mais acerca de como se dá a apropriação de conceitos, conhecimentos, procedimentos e estratégias que favorecem o desenvolvimento de ações cognitivas de alunos e de professores com respeito à resolução de problemas de contagem.

Igualmente, foi possível que identificasse como os professores se apropriam dos conceitos matemáticos e acerca de propósitos que justificam a elaboração, proposição e o desenvolvimento de atividades associadas ao desenvolvimento das temáticas combinatória e probabilidade, em suas aulas.

Também foi possível identificar nas falas e ações dos professores o reconhecimento que eles têm quanto à importância que as atividades diferenciadas desempenham para o ensino da temática e para o estabelecimento de aprendizagens significativas.

A espontaneidade de uma criança e de um jovem quando se debruçam para refletir acerca de conceitos matemáticos é de grande ajuda para um professor, pesquisador e autor enquanto atuante em atividades de observação, identificação, constatação e apropriação de conceitos, estratégias, procedimentos, conhecimentos e saberes pelos alunos.

Todo o trabalho exige desprendimento e interesse constantes de modo que sua atenção esteja voltada para as diversas intenções dos alunos. E, igualmente, estejam associadas às atividades de ensino e aprendizagem de conteúdo, de procedimentos e de estratégias na resolução de problemas de contagem, tarefa que cabe a todos os educadores em qualquer nível de ensino.

As reflexões pessoais e coletivas que as crianças, jovens e adultos fazem em sala de aula; as respostas e questionamentos que colocam para discussões; o dinamismo na execução das atividades (próprio de experiências didáticas que contemplam oportunidades para reflexões e discussões); o modo como falam e escrevem acerca do que estão pensando, e sobre o que acham em relação ao que está sendo discutido durante as aulas; as "tiradas" (provocativas ou não) que lançam, tanto para o professor quanto para os colegas (por vezes, desafiadoras); o encanto e a alegria pelos acertos; as reações frente às dificuldades; a perseverança nos estudos; o senso de organização e a vontade de acertar são gratificantes para o exercício da docência (todas elas em igual intensidade).

Enfim, o jeito criança de ser dos alunos constitui imenso oceano de possibilidades com as quais o professor pode melhorar, crescer e ousar enquanto educador de modo a tornar melhor sua prática docente, dia após dia.

Essas oportunidades são próprias da prática de um professor, e poucas são as profissões (talvez nenhuma outra) capazes de reunir tantas experiências gratificantes como as que um professor vivencia com sua prática.

Tais oportunidades são capazes de oportunizar ao professor experimentar agradáveis situações associadas ao crescimento pessoal e profissional do ser humano: a linda experiência de contribuir para oportunizar que pessoas (estudantes) se apropriem de conhecimentos e participem de atividades e experiências únicas, as quais serão lembradas por cada um por toda a vida.

Por essas inúmeras razões é que o autor não se cansa de agradecer às crianças, jovens e adultos (estudantes das turmas da EJA – Educação de Jovens e Adultos) por terem permitido que pudesse ter tido inúmeras oportunidades para aprender, estudar e pesquisar - com eles e para eles.

Também agradecer aos alunos por terem contribuído, direta ou indiretamente, para a coleta de dados em suas experiências e estudos, com diversificado e denso material pedagógico e de pesquisa.

Por sua vez, todo o material coletado permitiu (e ainda permite) que o autor escreva artigos e textos que objetivam contribuir para a melhoria do ensino e da aprendizagem da Matemática na Educação Básica, e para a formação inicial e continuada de professores que ensinam matemática neste segmento de ensino.

Por fim, cabe agradecer a todos que ajudaram o autor nessa jornada formativa (em parte, retribuindo por tudo o que foi vivenciado e aprendido) com os saberes presentes nas páginas deste livro.

Esta obra contém um vasto e diversificado material didático-pedagógico que contribui tanto para a melhoria dos processos formativos de professores durante a formação inicial, em cursos de Licenciatura em Matemática, quanto para formações continuadas de professores que ensinam Matemática na Educação Básica e no Ensino Superior.

O livro também se propõe a ajudar a geração atual e as novas gerações de alunos e professores, uma vez que se considere que os conceitos, conteúdo, procedimentos, orientações, experiências e recomendações, desenvolvidos e explorados nas páginas deste livro, não se esgotam no tempo. Ressalte-se, porém, que o autor admite *a priori* que tudo o que está escrito neste livro possivelmente possa ser aprimorado, melhorado e ampliado por conta de novos tempos, novas gerações de alunos e professores, novas tecnologias e novas maneiras de pensar e agir em educação. Nada pode ser eterno sem se admitir que, se preciso, em algum momento se façam mudanças.

O autor agradece a todos que tornaram possível concretizar mais este trabalho (livro que finaliza a exploração de combinatória para a Educação Básica em conjunto com outros três livros do mesmo autor, que formam uma trilogia de conhecimentos básicos de análise combinatória e probabilidade).

Perguntaria o leitor: este livro está completo? Resposta: Não, não está completo! Foi preciso uma ruptura para finalizá-lo, pois há outros conceitos de contagem que precisam ser explorados e desenvolvidos - os quais esperamos ver concretizados em outra obra.

Complementando, o autor considera que todo o conteúdo e as orientações contidas nesta obra estão apropriados para serem desenvolvidos pelos professores formadores de professores e os professores da educação básica com os seus alunos (do ensino superior e do ensino básico).
O autor espera que cada um que contribuiu para a concretização desta obra, se reconheça em uma ou mais partes que compõem o livro.

E, que esses colaboradores tenham a oportunidade de recordar o desafio que deve ter sido de participar de uma formação em análise combinatória e probabilidade ou de concluir uma disciplina na universidade, ministrada pelo autor, bem como da alegria sentida quando resolveu este ou aquele problema de contagem. Ademais, por ter tido a oportunidade de ter participado de reflexões crítico-reflexivas - individualmente ou em grupos - que teriam sido feitas durante e após a resolução de um problema.

Esta obra tem o propósito de fazer chegar aos muitos professores e professoras, docentes do Ensino Médio deste imenso Brasil, a oportunidade de conhecer, aprender e se apropriar de conhecimentos de conteúdo, conhecimentos pedagógicos de conteúdo e atividades relacionadas à exploração de conceitos, estratégias e procedimentos presentes na resolução de problemas de contagem básicos (do ponto de vista da Matemática), que não estão presentes em livros didáticos que atendem este segmento de ensino.

O autor espera que o livro se constitua em uma oportunidade ímpar, capaz de pavimentar um caminho produtivo, que oportunize os leitores e os professores a se apropriarem de suficientes saberes que lhes permitem poder oferecer novas oportunidades de conteúdo.

Com o desenvolvimento desses novos conceitos, o autor deseja e espera que se concretize o sonho de os estudantes (mormente os curiosos e interessados) continuem a aprender e a gostar, cada vez mais, de estudar análise combinatória e probabilidade. Entretanto, faz- se necessário salientar que tal desejo só se viabilizará com muito estudo, diligência e entusiasmo.

Assim, o autor espera que a obra permita aos professores que ensinam Matemática na Educação Básica poderem aprofundar seus conhecimentos pedagógicos e de conteúdo relativos às temáticas e, quem sabe, animem-se a organizar grupos de alunos em suas escolas para estudarem tal conteúdo - uma vez que, como dito, tais conceitos não são objeto de estudo pelos livros didáticos.

Ademais, o professor passa a dispor de variado leque de problemas de contagem com o qual poderá contar para oferecer oportunidades a seus alunos para aprenderem e se aprofundarem com todo o conteúdo apresentado e explorado.

E assim, o livro cumpre o papel de contribuir para ampliar conceitualmente os saberes dos leitores envolvidos nos processos de ensinar e de aprender a temática.

Aos professores dos cursos de Licenciatura em Matemática e de Pós-Graduação em Educação Matemática e/ou Matemática o autor salienta que a obra lhes dá a oportunidade de dispor de material diversificado, abrangente, consistente e adequado à formação de professores que vão ensinar Matemática na Educação Básica.

Alguns problemas constantes do livro são frutos de minicursos e oficinas que o autor ministrou para alunos e professores, de sua prática docente com alunos do Ensino Médio e do Ensino Superior e de estudos que tem feito nos últimos anos.

O autor agradece aos muitos amigos professores que em diferentes momentos de sua carreira profissional motivaram-no a seguir em frente, estudar sempre, ser diligente e exigente consigo e com o seu ofício, forjando preceitos próprios à sua prática docente.

Igualmente, o autor não poderia deixar de agradecer a todos que cruzaram sua vida profissional (direta e indiretamente), uma vez que cada um a seu modo e em sua função permitiu que fizesse reflexões pessoais, as quais identificaram (em sua formação e caminhada docente) a importância de aprender mais e mais, continuamente, tanto acerca de conteúdos matemáticos quanto relativamente aos saberes próprios à didática de ensino da Matemática.

A cada experiência vivenciada pelo autor ao lecionar nova disciplina ou um novo conteúdo (tanto no ensino superior quanto na educação básica), coube estudar em profundidade para o exercício docente.

Ademais, sempre cabe estudar para estruturar e consolidar questões de pesquisas, estudos e os desdobramentos que se fazem necessários encaminhar para desenvolvê-las de maneira adequada e efetiva.

Em particular, de modo especial e carinhoso, o autor não poderia deixar de lembrar, hoje e sempre, e não apenas aqui, do querido e saudoso Professor Mário Tourasse Teixeira de quem aprendeu algumas lições de Matemática - particularmente de Álgebra Abstrata.

Mas, acima de tudo e todos os saberes de álgebra que tenha aprendido e o máximo que tenha aprendido de Matemática o autor considera que foram e serão sempre valiosos os conhecimentos que aprendeu das muitas e brilhantes lições de vida, humildade, fraternidade, entusiasmo e respeito ao próximo que o Professor Mário deixou plantadas em seu coração e por toda a sua vida.

Todos os que tiveram a oportunidade de conhecer e conviver com o Professor Tourasse sabem bem o quanto o cidadão Mário foi enquanto pessoa e educador. Muito mais que o Professor Mário que ensinou-me álgebra em um curso de Mestrado, ensinou-me a estudar, ensinar, ser criterioso, diligente e um ser humano um pouco melhor.

As palavras, exemplos e ensinamentos do Professor Tourasse (como assim o chamava) jamais serão esquecidas. Seu estímulo para que procurasse ser melhor a cada dia e a sua dedicação enquanto professor e orientador fizeram-me ser melhor como estudante e professor de álgebra. Mas também, permitiu tornar-me melhor como pessoa e professor.

As lições de vida do Professor Tourasse vão muito além de algumas poucas questões acadêmicas relacionadas ao estudo de conteúdos de álgebra – necessários, para que o autor pudesse escrever todo o conteúdo presente na dissertação de mestrado acadêmico, por ele orientado.

Ao Professor Mário Tourasse Teixeira, a eterna gratidão deste autor.

O autor também presta homenagem ao querido e saudoso Professor Augusto César de Oliveira Morgado. Tais quais alguns de seus amigos e professores o chamavam, eu também chamava- o Morgado.

Sempre que o autor encontrava com o Morgado saudava-o com um abraço, e logo em seguida perguntava: Grande Morgado e aí, tudo bem? Firme e forte? Como vai a vida?

O autor iniciou sua carreira docente em uma instituição pública de ensino repartindo uma turma de 5ª Série (hoje, 6º Ano) com o Morgado. Ambos participamos do mesmo concurso público e fomos designados para o mesmo estabelecimento de ensino e turno de aulas. Por sorte logo fui repartir uma turma com o consagrado Morgado, onde pude "beber um pouquinho de seus saberes".
Morgado foi um brilhante matemático, e também um professor incrível, excepcional. Era muito inteligente. Morgado ensinava como poucos. Era objetivo, preciso, prático, sem rodeios, eficiente. Morgado lançava mão de estratégias próprias de resolução de problemas - não importava que problema lhe fosse pedido resolver.

Eram estratégias pessoais, elegantes, próprias para a resolução de diferentes problemas de geometria, álgebra, análise combinatória, probabilidade, estatística ou outros conteúdos matemáticos.

Morgado tinha uma cultura geral abrangente e invejável - tanto de Matemática quanto de História da Matemática - pois dominava, como poucos, os conteúdos de diversas áreas da Matemática. Gostava de Teoria dos Jogos embora não tenha escrito nenhum livro sobre o tema. Era capaz de responder e fazer colocações sobre diversos assuntos (de Matemática, ou não), todos eles interessantes e pertinentes. Tinha uma visão bastante particular sobre algumas questões da vida - até onde o autor pode conhecer com o desfrutar do seu convívio.

Sobre questões da Matemática, Morgado era capaz de transformar o que era considerado difícil por muitos em explicações mais simples, diretas e de fácil entendimento.

Um botafoguense roxo. Um ser humano admirável. A ele, também os agradecimentos do autor pelas muitas lições de conteúdos matemáticos, pelas boas conversas e pela amizade incondicional.

O autor agradece, também, ao Professor Doutor Ruy César Pietropaolo pela orientação durante a pesquisa de sua Tese de Doutoramento em Educação Matemática.

Algumas questões crítico-reflexivas que foram objeto das discussões acadêmicas feitas com o

Professor Ruy e as experiências com professores de matemática da Educação Básica (sujeitos de pesquisa em uma sequência de ensino estruturada e desenvolvida no seio do Observatório de Educação Matemática da UNIBAN, sob a orientação e a coordenação do Professor Ruy) serviram para que o autor pensasse a respeito, enquanto escrevia este livro, embora todo o conteúdo que será desenvolvido aqui não tenha sido objeto da pesquisa.

A todos os que me ajudaram e continuam me ajudando, o meu muito obrigado, hoje e sempre. Fica aqui a eterna gratidão.

Por fim, o autor solicita a todos os leitores que utilizarem este livro em seus estudos: professores, professoras, estudantes de cursos de formação de professores, estudantes de cursos de Pós-Graduação, pesquisadores, alunos da educação básica, que dele fizerem uso para aprofundar conhecimentos escreverem para o endereço eletrônico do autor pjuff@yahoo.com.br ou paulojorge@id.uff.br relatando suas experiências com a resolução dos problemas de contagem que serão propostos, e as contribuições teóricas de conteúdo e pedagógicas de conteúdo. Igualmente, o autor espera que todos se sintam à vontade para fazer críticas e sugestões que julguem oportunas para melhorar a compreensão do texto ou acerca de algum(uns) erro(s) que possa(m) estar presentes.

Toda crítica ou sugestão que um leitor fizer ao autor será sempre bem-vinda, uma vez que o autor entende que é uma contribuição para tornar a obra mais completa, pertinente e efetiva, e que essa contribuição irá melhorá-la e complementá-la.

Se você gostar do livro recomende a quem puder, e se quiser trocar ideias com o autor esteja à vontade.

Muito obrigado a todos os leitores.

Antes de terminar, o autor deixa um pequeno texto autoral para reflexão:

É fato que não se sabe tudo, sobre todas as coisas.
É por isso que se busca aprender, e se aprende buscando.
Para aprender, por vezes foi preciso que se tenha errado.
Mas, por outro lado, para que se tenha errado antes foi preciso ter tido coragem para

tentar, ter sido ousado, ter sido persistente.

Certo é que não se aprende sem antes ter tentado aprender, sem ter sido ousado, sem ter tido uma dose de coragem, sem ter sido estudioso, sem ter sido diligente e sem ter sido persistente, pois é preciso conhecer o novo quando se quer aprender algo.

O autor acha que, também assim, é o que ocorre na vida de cada um de nós: um silencioso e eterno aprendizado formado por idas e vindas na busca do novo sem esquecer o velho.

Paulo Jorge Teixeira

Sobre o Autor

Paulo Jorge Magalhães Teixeira é Doutor em Educação Matemática pela Universidade Bandeirante de São Paulo (UNIBAN) (atualmente denominada Universidade Anhanguera de São Paulo (UNIAN)); Doutor em Ciências de la Educación pela Universidad Americana

(pesquisa na área de Formação de Professores); Mestre em Matemática (área de Álgebra), Licenciado Pleno em Matemática e Bacharel em Matemática, ambos pela Universidade Federal Fluminense (UFF), e Bacharel em Engenharia Elétrica (ênfase em Eletrotécnica) pela Universidade Federal do Rio de Janeiro (UFRJ). Desenvolve pesquisas e estudos na área de Formação de Professores que ensinam Matemática na Educação Básica. É Professor Associado do Instituto de Matemática e Estatística (IME) da Universidade Federal Fluminense (UFF), onde atua nas áreas de ensino, pesquisa e extensão com alunos do curso de Licenciatura em Matemática, cursos das Engenharias e no curso de Especialização em Ensino da Matemática. É Professor Titular do Colégio Pedro II (pertencente à rede federal de Ensino Básico, Técnico e Tecnológico do Ministério da Educação), onde atua na Educação Básica, no Ensino Médio e na Educação de Jovens e Adultos (EJA). É consultor da Fundação CESGRANRIO em atividades relacionadas à formação continuada de professores que ensinam Matemática na Educação Básica. É um dos coordenadores do Observatório de Educação Matemática (OBSEM), projeto alternativo que tem os propósitos de: estudar e investigar práticas relacionadas com o ensino e a aprendizagem de conceitos de matemática por meio de programas de formação continuada; construir e aplicar atividades e jogos próprios para alunos da matemática básica de modo a oportunizar que alunos da Educação Básica se apropriem de conceitos, competências, habilidades, estratégias e procedimentos para resolver variados problemas da Matemática e pela Matemática; desenvolvimento de minicursos, oficinas e a apresentação de palestras para professores que ensinam matemática na Educação Básica e alunos; orientação de trabalhos finais de conclusão do curso de Especialização oferecido pela Universidade Federal Fluminense (UFF), destinado à formação continuada de professores que ensinam matemática na Educação Básica. É autor de alguns artigos que versam sobre o ensino e aprendizagem de conteúdos da Matemática e outros que tratam de questões próprias às formações inicial e continuada de professores de Matemática da Educação Básica. É autor dos seguintes livros:

1. *Problemas básicos de Matemática Financeira. Pagar à vista ou pagar parcelado? Qual a taxa de juros? Qual a melhor decisão a tomar?* 1ª Edição, 208p. Rio de Janeiro: Editora Ciência Moderna Ltda., 2017.

2. *Resolvendo problemas de Análise Combinatória nos anos iniciais do Ensino Fundamental*, 1ª Edição, 173p. ISBN – 978-85-399-0574-4. Rio de Janeiro: Editora Ciência Moderna Ltda., 2014.

3. *Resolvendo problemas de Análise Combinatória nos anos finais do Ensino Fundamental*, 1ª Edição, 445p. ISBN – 978-85-399-0897-4. Rio de Janeiro: Editora Ciência Moderna Ltda., 2018.

4. *Resolvendo problemas de Análise Combinatória no Ensino Médio*, 1ª Edição, 173p. ISBN – 978-85-399-0897-4. Rio de Janeiro: Editora Ciência Moderna Ltda., 2019.

5. *Práticas acerca do Raciocínio Combinatório no Ensino Fundamental*, NEA – Novas Edições Acadêmicas, 1ª Edição, São Paulo, 456p. 2015. Disponível em: https://www.nea-edicoes.com/catalog/search. Acesso em 25 de julho de 2017.

6. *Ensino de Análise Combinatória na Educação Básica: Uma trajetória*. 1ª Edição. São Paulo: NEA – Novas Edições Acadêmicas. 376p. 2015. ISBN – 978-3-639-83624-0. Disponível em: https://www.nea-edicoes.com/catalog/search. Acesso em 25 de julho de 2017.

Apresentação

Em algumas partes do livro, o conteúdo é fruto de experiências que o autor teve a oportunidade de desenvolver e compartilhar com seus alunos - em turmas regulares do Ensino Médio e em turmas nos cursos de Licenciatura em Matemática e Pós-Graduação em Educação Matemática. Igualmente, o livro também é fruto de minicursos e oficinas que o autor ministrou para professores em formação continuada que atuam em turmas da Educação Básica lecionando Matemática e os que foram ministrados em Encontros e Congressos.

O livro segue a seguinte apresentação:
No Capítulo 1 – **Combinações Completas - as escolhas recaem sobre objetos de um conjunto onde nem todos são distintos entre si (há pelo menos dois elementos repetidos)** apresenta-se questões relacionadas com a apropriação, desenvolvimento, identificação e exercício do conceito de combinações completas na resolução de variado leque de problemas de contagem.

No Capítulo 2 – **Permutações Circulares** apresenta-se questões relacionadas com a apropriação, desenvolvimento, identificação e exercício do conceito de permutações circulares na resolução de problemas de contagem.

No Capítulo 3 – **Permutações circulares sobre um conjunto de objetos nem todos distintos (há pelo menos dois elementos repetidos)** apresenta-se questões relacionadas com o desenvolvimento, apropriação, identificação e exercício do conceito de permutações circulares com repetição de objetos na resolução de problemas de contagem, considerando os conhecimentos que foram desenvolvidos no Capítulo 2.

No Capítulo 4 – **Permutações Caóticas** apresenta-se questões relacionadas com a apropriação, desenvolvimento, identificação e o exercício do conceito de permutações caóticas na resolução de problemas de contagem, nos quais se considera um agrupamento-solução como aquele que é obtido de um agrupamento de objetos considerado como referência, quando há alguma alteração que deixa ao menos 2(dois) elementos fora de suas posições originais.

O Capítulo 5 - **Considerações finais** apresenta uma síntese das questões que foram tratadas ao longo de todo o livro, levando em conta a importância de o professor fazer reflexões pessoais e coletivas acerca da dimensão e da importância que o seu trabalho em sala de aula alcança quando oportuniza que seus alunos se apropriem de novos conceitos e procedimentos, próprios à resolução de variado leque de problemas de contagem.

O autor espera que o professor reflita a respeito das sugestões pedagógicas que são sugeridas encaminhar ao longo do texto e compreenda que, de fato, elas levam à compreensão dos conceitos, procedimentos e estratégias relativos aos conceitos básicos de análise combinatória explorados aqui.

Por sua vez, espera-se que elas favoreçam o encaminhamento da resolução de problemas de contagem junto com os conceitos, procedimentos e estratégias próprios à resolução dos problemas propostos - tanto por alunos quanto por professores e leitores.

Ademais, também é importante que o professor não esqueça de considerar as inúmeras sugestões apresentadas pelo autor ao longo de todo o livro.

Elas foram escritas com o propósito de tornar adequado e efetivo o ensino e a aprendizagem dos problemas de contagem, segundo alguns pertinentes pressupostos pedagógicos, também apresentados.

Igualmente, são discutidas questões que levam em conta as diversas sugestões e considerações apresentadas ao longo de todo o livro, com o propósito de ampliar a visão conceitual acerca das temáticas exploradas.

Por sua vez, tais considerações estão diretamente relacionadas com o propósito de atingir um maior alcance com respeito à ampliação conceitual acerca da temática.

Qual seja, a de o livro poder contribuir para aprofundar e melhorar aspectos relacionados ao ensino e à aprendizagem de análise combinatória com alunos da Educação Básica e do Ensino Superior.

O autor espera que a leitura do livro oportunize ao leitor a agradável experiência de encontrar nela condições suficientes para conhecer, compreender e se apropriar de novos conceitos de análise combinatória (ainda considerados como básicos) que permitam ao leitor (ao longo da leitura atenta e depois, futuramente) resolver com desenvoltura alguns diferenciados tipos de problemas de contagem.

Tal esperança também traz consigo outro propósito do autor (ampliar conceitualmente os conhecimentos dos leitores) em subjacente desejo de o livro ser suficientemente capaz de desmitificar uma crença geral que norteia o meio acadêmico segundo a qual a análise combinatória constitui-se de conteúdos difíceis para ensinar e para aprender.

Resultados de pesquisas e experiências didáticas vivenciadas pelo autor dão conta que a compreensão de conceitos de análise combinatória relacionados com a resolução de problemas de contagem exige de cada um, tanto de quem está ensinando quanto de quem está aprendendo, atitudes efetivas de tomadas de decisão, dentre as quais destacamos as seguintes:

- Ler atentamente o enunciado de um problema de contagem de maneira a estabelecer quais objetos devem ser considerados e as características que terão de ser consideradas - próprias a eles -, de modo a formar os agrupamentos-solução, e os conceitos que precisam ser identificados por detrás do texto do enunciado do problema a ser resolvido;
- Fazer uso frequente e recorrente do raciocínio combinatório de maneira adequada para encaminhar a resolução de problemas de contagem;
- A importância de o leitor julgar a conveniência e necessidade de ter de gerar ao menos um agrupamento-solução, para, em prosseguimento, identificar quais características todos os demais agrupamentos-solução devem atender, de modo a encaminhar a resolução do problema de contagem - se necessário, repartindo a resolução de modo a computar todas as possibilidades;
- A importância de o leitor verificar se a troca de posições entre objetos pertencentes a um agrupamento-solução gera ou não novo agrupamento-solução, com o propósito de definir a estratégia a encaminhar para resolver o problema de contagem;
- A importância de refletir acerca da necessidade ou não de fazer o rascunho de uma representação gráfica (possivelmente a construção de parte de uma árvore de possibilidades) de modo a estabelecer a estratégia de resolução que considere adequada, com o propósito de dar conta de contabilizar todos os agrupamentos-solução (todas as possibilidades);

- A necessidade de refletir acerca de quais ferramentas combinatórias, procedimentos e estratégias devem ser utilizados para encaminhar a resolução de um problema de contagem com o propósito de considerá-las enquanto adequadas e efetivas para o particular problema que está resolvendo;
- A importância de o leitor sempre refletir acerca do fato de não haver necessidade de lançar mão de uma fórmula para obter a solução de um problema de contagem. Também acerca de possíveis inconveniências que esta decisão acarreta quando se lança mão desse expediente, por vezes desnecessário.

Todas as considerações e sugestões presentes em todas as partes do livro expressam os conhecimentos e a interpretação do autor a respeito de diversos aspectos, os quais estão relacionados diretamente com as seguintes questões:

- ✓ "O que ensinar";
- ✓ "Porque ensinar" e
- ✓ "Como ensinar" problemas de contagem (problemas básicos de combinatória) a alunos da educação básica e do ensino superior.

Ainda mais: tais considerações e observações retratam a experiência docente do autor com a temática em sua prática pedagógica, tomando como referencial teórico leituras de artigos que relatam resultados de pesquisas, as quais tratam de questões relacionadas às temáticas em questão bem como no tocante a resultados de pesquisas que foram realizadas sob a sua orientação, com alunos e professores.

O livro também apresenta considerações que dizem respeito à formação inicial de futuros professores que irão ensinar matemática na Educação Básica - licenciandos de Matemática e de Pedagogia - no que refere aos conceitos, conteúdos e conhecimentos pedagógicos necessários para o professor desenvolver atividades básicas de combinatória com alunos da Educação Básica.

O autor espera que a obra se constitua em um livro de cabeceira para os leitores - uma parceria constante - e que contribua, de maneira significativa, para a melhoria do ensino e aprendizagem de combinatória dos alunos da Educação Básica e para a formação de professores que irão ensinar matemática.

Uma preocupação pedagógica que acompanha o autor por muitos anos está relacionada à fragmentada formação de professores que ensinam matemática na Educação Básica.

Principalmente no que concerne ao domínio de conhecimentos de conteúdo e conhecimentos pedagógicos de conteúdo - por se tratar de questões que estão associadas diretamente com os conhecimentos básicos indispensáveis ao exercício da docência de um professor de matemática da Educação Básica.

O autor entende que sem o pleno domínio desses conhecimentos por um professor, o ensino da Matemática perde em qualidade, pois não oportuniza que os alunos façam uso correto do pensamento matemático, e não oportuniza que os alunos questionem, ousem, levantem conjecturas, se arrisquem a generalizar.

Portanto, assim entende o autor, o ensino da Matemática não pode se resumir à exploração única de cálculos e à aplicação de fórmulas sem sentido, pois desse modo ele fica burocrático, repetitivo, sem atrativos. Fica por demais empobrecido - sob todas as vertentes cognitivas -, dentre as quais destacamos a criatividade.

Também entende o autor que, de modo geral, o professor de matemática chega ao mercado de trabalho docente despreparado e com lacunas na formação inicial.

E, infelizmente, justamente nos primeiros anos de trabalho é que o professor exerce a sua docência sem a ajuda, próxima, dos professores mais experientes.

Assim, se aprofundam lacunas derivadas da formação inicial e outras novas lacunas surgem - não apenas às que referem a conhecimentos de conteúdo, mas em relação aos conhecimentos pedagógicos de conteúdo, conhecimentos curriculares e conhecimentos acerca do domínio e o uso de tecnologias em sala de aula.

O inadequado uso de tecnologias ou a falta delas, no ambiente da docência, têm acarretado grande impacto no dia a dia do trabalho docente de professores e alunos, pois, ou o professor não está preparado para esses novos desafios ou a instituição não tem o mínimo necessário no tocante à disponibilidade de equipamentos para uso do professor e dos alunos, em laboratório e/ou em sala de aula.

Portanto, o autor considera que ainda é preciso avançar muito nessas áreas considerando sua relevância para a melhoria da qualidade do ensino que deve ser ofertado aos estudantes da Educação Básica.

Assim, é preciso que todos os que trabalham com a formação de professores façam esforços para ultrapassar os "hiatos" que ainda existem entre a formação de um professor na Universidade e a efetiva prática docente que ele terá de enfrentar e confrontar nas diferenciadas realidades presentes nas escolas básicas Brasil afora.

Muitas vezes, esses "hiatos" são frutos da falta de experiência dos docentes responsáveis pela formação dos professores nos cursos de licenciaturas de nível superior, em relação ao que acontece no dia a dia das classes do Ensino Básico.

Assim, o que se vê nos dias de hoje são formadores de professores que nunca saíram do seio dos institutos de formação em carreiras pedagógicas nas universidades, uma vez que em sua maioria concluem a graduação, mestrado e doutorado, e passam a lecionar nas universidades (por vez, a mesma em que concluiu os cursos) sem nunca terem tido qualquer experiência com turmas da escola básica - mesmo que por curto período.

Por outro lado pouco se vê de esforço desses profissionais para se achegarem à escola básica de modo a conhecê-la na prática.

Preferem, em muitos casos, ouvir o relato de estudantes em estágio supervisionado ou via alunos de pós-graduação - os quais trazem para eles dados de uma ou outra experiência objeto de uma pesquisa a qual estão envolvidos, e que servirão para escrever um ou mais artigos científicos. Portanto, constata-se uma formação inicial ou continuada que em muitos casos evidencia apenas a teoria transmitida por professores de prática de ensino ou responsáveis por estágios de licenciandos, que em momento algum experimentaram lecionar para alunos da escola básica e sequer conheceram a escola e os professores que lá lecionam.

Ademais, embora tenha havido mudanças significativas nos cursos de Licenciatura após 2002 - devido às novas diretrizes formativas -, julgamos importante que as instituições formadoras de professores avaliem o pouco tempo que o licenciando experimenta com os professores e os alunos da Educação Básica, em salas de aula.

Tal avaliação, julgamos procedente precisa ser feita em diferentes escolas e colégios - públicos e privados -, em diferentes realidades educacionais, considerando a necessidade e a premência com que os diversos problemas afetos a educação clamam ser resolvidos nos dias de hoje.
Isso tudo por conta da "*enorme distância acadêmica*" que ainda perdura entre as escolas (e colégios) e as universidades (e faculdades) no tocante às práticas pedagógicas relacionadas com as licenciaturas.

O autor entende que o licenciando não pode ser formado com o viés de um agente passivo que apenas assiste às aulas de professores da escola básica, computando uma carga horária de estágio, como ainda ocorre nos dias de hoje.

É preciso que os licenciandos se engajem nos projetos, atividades e parcerias com os professores e alunos da Educação Básica com o propósito de se apropriarem de conhecimentos de conteúdo e conhecimentos pedagógicos de conteúdo suficientes para se graduarem de modo adequado e com consistentes conhecimentos.

O que mais preocupa o autor é que os professores têm sido absorvidos pelo mercado de trabalho sem que uma seleção adequada seja feita - talvez por conta da recorrente falta de professores de matemática no mercado - fruto do pequeno número de formandos e do considerável aumento no número de alunos na Educação Básica nos últimos anos.

Esses dados são significativos e merecem reflexões de todos, pois por um lado, oportunidades para um maior número de alunos ingressarem no Ensino Básico devem ser oferecidas, mas há um número inexpressivo de professores que estão preparados, de fato, para lecionar na Educação Básica.

Muitas são as lacunas de formação.
E aqui, vai uma crítica construtiva: não obstante a enorme quantidade de vagas oferecidas por cursos de mestrado profissional Brasil afora, e a quantidade de formandos, o que se vê nos cursos de Licenciatura é exatamente o contrário: minguam, dia após dia.

Por conta de tudo o que foi exposto até aqui, o autor lança uma pergunta aos leitores, para que façam suas reflexões:

- Quantos alunos de Licenciatura em Matemática - em uma ou mais disciplinas, durante o curso de formação inicial nas universidades ou faculdades - têm a oportunidade de estudar conteúdos de análise combinatória e probabilidade de maneira a estarem devidamente preparados para ensinar o conteúdo para alunos da Educação Básica?
-

O autor não está levantando, aqui, discussões a respeito de quais conteúdos devem ou não ser ensinados nos cursos de Licenciatura em Matemática - embora acredite que essa questão também precisa ser rediscutida em fóruns apropriados (e ela já tem sido feita), embora tenha sido feita de maneira tímida e sem eco nos Institutos de Matemática das Universidades.

A questão que se coloca é o fato de, uma vez que a disciplina análise combinatória e probabilidade seja ofertada a alunos de um curso de Licenciatura em Matemática (obrigatória ou não), estudos precisam identificar se ao longo das aulas dessas disciplinas em cursos regulares de Graduação são propostas reflexões e discussões coletivas acerca dos diversos aspectos que já foram apontados aqui (e que serão retomados a seguir), à luz de documentos oficiais e artigos de pesquisa. E precisam que se tenham respostas para as seguintes perguntas (e outras):

- ✓ Quais conteúdos de análise combinatória (problemas de contagem) e probabilidade devem ser ensinados aos alunos da Educação Básica?
- ✓ Como ensinar cada conteúdo a alunos da Educação Básica?
- ✓ Quais atividades - relacionadas aos conteúdos de análise combinatória e probabilidade - podem ser propostas aos alunos da Educação Básica, e em quais momentos elas devem ser apresentadas?
- ✓ É possível ensinar análise combinatória e probabilidade aos alunos da Educação Básica tal qual foi aprendido pelo professor no seu curso de formação inicial de professores?
- ✓ Quais cuidados pedagógicos devem ser considerados ao ensinar análise combinatória e probabilidade aos alunos da Educação Básica?
- ✓ Quais propósitos caracterizam o ensino de análise combinatória e probabilidade para alunos da Educação Básica?
- ✓ Quais conhecimentos são necessários ao professor para ensinar análise combinatória e probabilidade para alunos do Ensino Fundamental?
- ✓ Quais conhecimentos são necessários ao professor para ensinar análise combinatória e probabilidade para alunos do Ensino Médio?
- ✓

Igualmente, será preciso avaliar como se dá a formação de um professor de matemática no que refere às "*Reflexões sobre a formação e a preparação de professores que lecionam análise combinatória e probabilidade em cursos de formação inicial de licenciados de matemática de modo a encaminhar e mediar discussões que dizem respeito ao ensino e a aprendizagem das temáticas, pelos futuros professores*".

Não é recomendável que o professor da disciplina análise combinatória e probabilidade (na Universidade ou faculdade) faça apenas reflexões a respeito do conteúdo e à apresentação e o desenvolvimento deste acompanhado da resolução de alguns poucos exercícios, pois é preciso que ele se disponha a discutir com os seus alunos (futuros professores) a respeito de como ensinar, a quem ensinar e porque ensinar.

São questões importantes que precisam ser discutidas no seio dos cursos de formação de professores, e nos fóruns próprios das Licenciaturas em Matemática.

Mais uma vez o autor pede a atenção do leitor no sentido de refletir (individual e coletivamente) acerca dos propósitos formativos e acerca das diversas questões pedagógicas colocadas ao longo de todo o texto deste livro, pois elas se configuram como saberes necessários ao professor para ensinar problemas de contagem e probabilidade para alunos do ensino básico.

Também se configura como um dos propósitos do autor, que as questões lançadas no livro favoreçam discussões relacionadas com a apropriação de conhecimentos de conteúdo, conhecimentos pedagógicos desses conteúdos e conhecimentos curriculares – todos esses saberes necessários à prática docente, e não apenas que se travem discussões relativas ao saber dos conteúdos, tais como sobre estratégias e técnicas de contagem necessárias ao ensino e à resolução de problemas de contagem e probabilidade. Tais questões têm sido discutidas pelo autor em todos os seus livros que versam sobre essas temáticas.

Por fim, o autor solicita a atenção do leitor quanto à necessidade de se tornar um agente capaz de estimular discussões e reflexões em relação ao olhar diferenciado que precisa ser conferido à questão da formação continuada de professores que ensinam matemática para alunos da Educação Básica.

Tal recomendação se deve ao fato de que é preciso que os professores e alunos das universidades e faculdades de formação de professores façam reflexões pessoais e coletivas a respeito dessas questões.

Porém, é preciso que tais reflexões sejam feitas de modo rotineiro, contínuo, tal que o professor compreenda a necessidade de estar sempre estudando e aprendendo com a sua prática e na prática, pois só assim o seu trabalho docente irá contribuir para melhorar o ensino e a aprendizagem da Matemática na Educação Básica, de maneira efetiva e transformadora.

Uma preocupação recorrente do autor está diretamente relacionada à necessidade de que, em reuniões com professores, ser necessário colocar em discussão questões pedagógicas importantes, como as que são sugeridas a seguir, dentre outras aqui não contempladas:

- *O professor precisa constantemente estar estudando e aprendendo;*
- *Igualmente, o professor precisa reaprender a aprender hoje e sempre acerca das diferentes maneiras como deve ensinar seu aluno a pensar, refletir e se apropriar de novos conhecimentos, conteúdos, procedimentos e estratégias de resolução de problemas, com o propósito de que ele seja partícipe efetivo da sua própria aprendizagem;*
- *Procedendo assim, o professor estará contribuindo para que os conhecimentos apropriados pelo aluno não sejam por ele esquecidos segundo as experiências pessoais e coletivas que ele vivenciou por meio de discussões crítico-reflexivas travadas com os seus colegas, e mediadas pelo professor, e também nas leituras que o professor oportunizou que ele fizesse;*
- *Resultados de pesquisas têm mostrado que o aluno aprende mais e melhor quando lê, reflete, discute, faz, exercita, experimenta e defende seus pontos de vista, se comparados aos momentos e situações em que apenas ouve e vê o que outros fazem (como foi feito e foi dito pelo professor) e faz reproduções próximas àquilo sem ter de se preocupar em fazer reflexões acerca do que está fazendo, escrevendo ou respondendo.*

Nos dias de hoje não há mais espaço para o ensino tradicional da matemática que se baseava na apresentação oral do conteúdo pelo professor por meio de definições, propriedades, resultados, teoremas, demonstrações e exemplos seguidos de exercícios de fixação e de aplicação, pois tal prática pressupõe que o aluno aprende por reprodução.

Quando do ensino tradicional, a cada vez que o aluno fizesse a reprodução tal qual (ou bastante próxima) de um exercício ou de uma demonstração àquele(a) que foi apresentado(a) pelo professor em uma avaliação, esta era considerada como correta e por vezes recebia valoração máxima (até com louvor e elogios) como se tal mérito devido ao aluno devesse assim ser (apenas pela lembrança que o aluno teve de como o seu professor havia feito em sala de aula e a reprodução feita quase que na íntegra, senão exatamente tal e qual).

Com essa prática, e aos olhos do professor avaliador, ficava a evidência de que esse aluno "aprendera o conteúdo que foi por ele ensinado".

Por outro lado, se não tivesse lembrado como deveria fazer tal e qual o professor fizera em sala de aula era de imediato penalizado, pois para o avaliador ficava a evidência de que ele nada sabia, que não tinha estudado a contento.

Esta situação, é claro, como se sabe, de que o estudante não tivesse estudado a contento pode não ser uma verdade absoluta, pois nem mesmo houve oportunidade de o aluno mostrar ao professor o que de fato sabia ou não. Se não conseguia reproduzir como feito, era penalizado com nota zero.

Nos dias de hoje, tal prática está totalmente ultrapassada, e tal posição é corroborada por diversos educadores, como os autores dos PCN, em Brasil (1997), conforme se constata na citação a seguir:

> [...] Essa prática de ensino mostrou-se ineficaz, pois a reprodução correta poderia ser apenas uma simples indicação de que o aluno aprendeu a reproduzir, mas não apreendeu o conteúdo. É relativamente recente, na história da Didática, a atenção ao fato de que o aluno é agente da construção do seu conhecimento, pelas conexões que estabelece com seu conhecimento prévio num contexto de resolução de problemas. Naturalmente, à medida que se redefine o papel do aluno perante o saber, é preciso redimensionar também o papel do professor que ensina Matemática no ensino fundamental (BRASIL, 1997, p. 39-40).

No que se segue, vamos levantar algumas questões para reflexões dos leitores, por acreditar que elas podem explicar um pouco melhor do porquê o ensino básico encontrar-se tal como está nos dias de hoje, a saber:

- Quantos professores que trabalham com alunos da educação básica, em nosso país, não têm tempo (e talvez dinheiro) para ler um livro?
- Quantos professores que trabalham com alunos da educação básica não têm acesso, e tempo, para ler um artigo científico?
- Quantos professores que trabalham com alunos da educação básica não têm tempo (e talvez dinheiro) para participar de encontros de formação continuada?
- Há ofertas de formações continuadas próximas aos locais de trabalho de todos os professores da educação básica ou se penaliza alguns professores a viajar por 200 ou mais quilômetros para se aperfeiçoar, por vezes à noite, chegando tarde em casa?
- A escolha de um livro didático, quando feita no coletivo, é precedida de momentos de reflexões pessoais e coletivas pelos professores?
- Quais critérios são levados em conta, pelos professores, para a escolha do livro didático de uma escola/colégio?
- Questões pertinentes aos conhecimentos de conteúdo, pedagógicos de conteúdo, curriculares e de tecnologias fazem parte das reflexões coletivas dos professores, nos momentos que antecedem o início de cada ano letivo e/ou durante a prática docente no dia a dia?
- Os professores conversam entre si acerca da escolha (utilização) de tal ou qual metodologia se mostrar adequada para este ou aquele conteúdo?
- Os professores conversam entre si acerca da escolha e o desenvolvimento de jogos e/ou atividades curriculares?

O autor entende que é preciso que os dirigentes educacionais reservem maior tempo durante os períodos de planejamento escolar para que o professor tenha oportunidades para estudar, refletir e aprender com os seus pares, de maneira a aprofundar e trocar conhecimentos de conteúdo e pedagógicos de conteúdo concernentes à disciplina/ano que ministra.

É sabido por todos que uma máquina precisa parar, de tempos em tempos, para fazer as manutenções necessárias. Assim também deve ser o trabalho do professor, pois é preciso que ao menos duas vezes por ano o professor faça paradas para refletir sobre a sua prática docente, em conjunto com os seus pares.

Ou seja, é preciso oxigenar a prática dos professores.

Só assim será possível discutir e empreender novas ideias e rever outras, as quais podem se tornar realidade por meio de práticas que contribuam para melhorar a qualidade do ensino.
De tal sorte, tais ideias também precisam ser constantemente oportunizadas aos alunos para, em seguida, serem avaliadas pelo professor.

Ao disponibilizar esta obra o autor espera que ela oportunize ao professor constantes momentos de reflexões com respeito à importância e necessidade que ele deve emprestar no sentido de se empenhar na tarefa de procurar meios que visem melhorar sua formação docente.

Melhorias essas tanto no que diz respeito ao seu papel de educador e no tocante aos aspectos didáticos e pedagógicos, quanto em relação ao seu importante papel na sociedade enquanto professor.

O autor entende que o trabalho do professor precisa ser respeitado pela sociedade, mas, igualmente, é preciso que o professor se faça ser respeitado pelos alunos, pais, responsáveis e toda a sociedade.

Assim, não cabe mais ao professor calar-se diante de afirmações tal qual a que aponta ser "*o magistério um sacerdócio*".

Não, o magistério não é um sacerdócio!

Deve sim, e mais do que nunca, ser uma escolha profissional.
E, como tal, o trabalho do professor precisa ser respeitado e valorizado como é feito com outras profissões, a exemplo de médicos, dentistas etc.

O profissional escolheu ser professor, abraça a carreira docente, e deve lutar para que a sociedade respeite a sua escolha e o seu trabalho.

Parece-nos que qualquer pessoa, em nossa sociedade, principalmente, sempre se acha no *"direito" de dizer o que o professor deve ou não fazer*, opinar sobre o seu trabalho, opinar sobre a maneira como ele ensina ou como ele encaminha as suas atividades docentes.

A sociedade ainda não respeita o tempo e a dedicação do professor para se formar, qualificar e

produzir conforme os preceitos e a ética que são próprios à carreira docente.
Mas, para que isso não mais ocorra e que não haja interferência externa no seu trabalho docente, o professor precisa se valorizar, precisa se preparar adequadamente para o ofício de saber ensinar, precisa aprender a ensinar.

A esse respeito, assim se manifesta Paulo Freire (2013):

> Não há ensino sem pesquisa e pesquisa sem ensino. Esses quefazeres se encontram um no corpo do outro. Enquanto ensino, continuo buscando, reprocurando. Ensino porque busco, porque indaguei, porque indago e indago. Pesquiso para constatar, constatando, intervenho, intervindo educo e me educo. Pesquiso para conhecer o que ainda não conheço e comunicar ou anunciar a novidade.
> [...] Pensar certo do ponto de vista do professor, tanto implica o respeito ao senso comum no processo de sua necessária superação quanto o respeito e o estímulo à capacidade criadora do educando. Implica o compromisso da educadora com a consciência crítica do educando, cuja "promoção" de ingenuidade não se faz automaticamente (FREIRE, 2013, p. 30-31).

O autor espera que esta obra, ajude o professor a refletir diuturnamente acerca da importância sobre aquilo que é preciso que empreste à sua formação continuada docente de maneira a preparar-se adequadamente para enfrentar os desafios de lecionar matemática nos dias de hoje frente às novas tecnologias disponíveis.

O professor, nos dias de hoje, terá de conhecer, dominar e usar tecnologias, tanto para melhorar o seu aprendizado quanto para ensinar a seus alunos, desde os anos iniciais do Ensino Fundamental.

Sendo assim, o autor espera que este livro seja um grande aliado do professor.

Ademais, o autor espera que o professor tenha este livro como seu livro de cabeceira e de bolso, e que sempre conte com ele para fazer reflexões pessoais e coletivas com os seus pares.
Sendo assim, espera que este livro se configure como uma ajuda constante para a formação do professor, mesmo quando não esteja lecionando os conteúdos de análise combinatória com os

seus alunos. O autor espera que o professor se lembre de recorrer a ele sempre que sentir necessidade de contar com uma palavra de ânimo, de motivação, de entusiasmo e de conhecimentos de conteúdo.

Para o autor, escrever esta obra constituiu-se de momentos gratificantes, importantes, significativos e de satisfação pessoal e acadêmica.

Em todos os momentos que se viu refletindo para escrever uma palavra, uma frase ou uma ideia, e nos momentos em que procurou refletir de modo a traduzir aquilo que sentia por meio de palavras, o autor estava se sentindo muito bem, estava feliz com a contribuição que deixará aos leitores.

Uma enorme alegria e imensa satisfação pelo fato de estar contribuindo, com o pouquinho que seja, para a melhoria do ensino de matemática por meio de saberes, experiências e convicções que foram cumulados por anos.

Ademais, ao sentir-se bem por repartir esses conhecimentos com os leitores ao lhes oportunizar conhecer um pouco da matemática pelas palavras diferenciadas de um professor e, antes de tudo, pelos sentimentos de um educador.

Ou seja, não são mensuráveis os muitos momentos de satisfação e alegria os quais o autor sentiu necessidade de repartir seus conhecimentos por meio de palavras e números, e de poder contribuir com o pouco que seja para a melhoria do ensino e da aprendizagem de conteúdos da matemática de alunos da educação básica, na formação de futuros professores de matemática, e para a prática dos professores de matemática.

Somente quem passa por esses agradáveis momentos reflexivos pode dimensioná-los, e sabe dar o devido valor que eles merecem ser relembrados e vividos.

Além do mais, a felicidade do autor em comunicar a todos o quanto de conhecimentos pode cumular nesses muitos anos de estudo e trabalho e a satisfação de poder reparti-los com todos os leitores reveste-se de alegria para a sua vida pessoal e profissional, bem como a gratidão a todos os que contribuíram para que tal se tornasse realidade. O estilo *"low-profile"* do autor fala por si.

O autor considera que esta obra reveste-se de uma pequena parcela de gratidão e retribuição a

DEUS por tudo aquilo que tem a agradecer diante de todas as conquistas pessoais e profissionais obtidas ao longo de sua vida. Em especial, a gratidão pela inabalável fé e pela saúde.

Igualmente, o autor agradece aos familiares, professores e amigos por tudo o que recebeu deles ao longo de toda a vida. É certo que sem a ajuda de cada um, a seu modo e tempo, esta obra não teria sido completada.

Em especial, agradecer ao querido primo João Rua pelo lindo e consistente prefácio a esta obra, e pelas palavras e ações de estímulo e reconhecimento.

Assim, o autor espera que em parte todos os agradecimentos se configurem na expectativa concreta de os benefícios, ensinamentos e saberes serem alcançados com esta obra pelos leitores, professores e os alunos.

Finalizando, o autor se coloca à disposição dos leitores para as críticas e sugestões que visem tornar a comunicação das ideias e dos conhecimentos matemáticos presentes na obra mais claros e efetivos.

Desculpa-se, desde já, por eventuais deslizes no trato com a comunicação das ideias, no uso das palavras de maneira correta nos tempos verbais, na clareza do texto, na síntese e clareza para comunicar cada conceito matemático, e na maneira de apresentar as representações de linguagem (numéricas e/ou gráficas).

Boa leitura para todos.
Bons estudos.
Boa formação.
Muito obrigado.

Prefácio

(RE)Pensando a Matemática no Ensino Básico: continuando a reflexão

De há muito que se denuncia o distanciamento da Universidade com relação ao Ensino Fundamental e Médio. Tem havido inúmeras tentativas, sob a forma de projetos-piloto e outros tipos de experiências que visam eliminar, ou pelo menos, minimizar essa falta de integração. O sucesso desses empreendimentos tem sido bastante relativo, embora não negligenciável.
Algumas políticas públicas têm buscado incentivar as licenciaturas nas Universidades e, indiretamente, a profissão de professor do ensino básico. Entretanto, além de pontuais, elas são muito afetadas pelos distintos contextos políticos. Ora são incentivadas ora negligenciadas. Muito ainda precisa ser feito – os salários aviltados, as precárias condições de trabalho, a desvalorização social da profissão constituem entraves ao maior sucesso dessas importantes iniciativas.

Ao mesmo tempo, outras políticas públicas de valorização da ciência (e dos cientistas) nos órgãos de fomento da pesquisa (alguns participando dos incentivos tratados acima) afetam, sobremaneira, a vida acadêmica e a formação de professores nas Universidades. De fato, o ensino ainda não recebe, em nosso país, o reconhecimento acadêmico que merece ter.

As duas formas de atuação na docência (ensino superior e ensino fundamental e médio) são necessárias e têm levado a significativos progressos na ciência brasileira em interessantes momentos de retroalimentação. Mas sempre aparecem efeitos não desejados em ações que não contam com tais externalidades. As políticas de efetivo apoio à docência permanecem frágeis.
Um professor com dupla, tripla (e às vezes mais) inserções na vida profissional, com atuação nos níveis fundamental, médio e superior é problemática do ponto de vista pessoal e profissional. A sobrecarga de afazeres diversos, as múltiplas exigências, a necessidade de publicar, a participação em congressos tornam a dedicação exclusiva quase uma necessidade. Oferecer a tranquilidade para trabalhar em um ambiente único, torna a vida de qualquer profissional mais

harmoniosa, menos tensa e mais produtiva. Entretanto, com isso, perde-se uma vinculação entre o ensino superior e o básico, ainda feita, na prática, por um número expressivo de profissionais. Se levarmos em consideração outro processo (integrado aos anteriores) que, já há algum tempo vem marcando as novas gerações de universitários quando, após graduarem-se, ingressam imediatamente no mestrado e daí no doutorado e pós-doutorado, chega-se à conclusão que boa parte dos alunos universitários é absorvida pelo próprio sistema superior de ensino.

Aí surge um problema, cada vez mais evidente: professores universitários que nunca saíram do sistema, isto é, não têm experiências fora da Universidade. As políticas públicas destinadas a criar melhores condições de trabalho e de estudo favorecem o *gap* entre os níveis de ensino, sem que isto seja seu objetivo, por óbvio. Faltam, cada vez mais, professores com experiência nos ensinos fundamental e médio para ministrar as disciplinas de formação de professores para a escola básica. Esse quadro é de difícil reversão.

É nesse *framework* que se inscreve este livro do Professor Paulo Jorge Magalhães Teixeira.
Com larga experiência no ensino superior (IME - Instituto de Matemática e Estatística da UFF – Universidade Federal Fluminense) e nos ensinos fundamental e médio (Colégio Pedro II) apresenta-nos uma proposta de trabalho muito interessante, baseada em numerosos cursos que ministrou para professores de ensino básico, em vários estados brasileiros. Neles pode pesquisar os maiores "gargalos" no ensino da matemática e, com base na sua vivência em sala de aula e no diálogo com esses professores, ir desenvolvendo uma metodologia de ensino que auxilia - tanto alunos quanto professores - a ultrapassar alguns desses entraves. Essa metodologia está expressa neste livro "**Tópicos avançados de Análise Combinatória**", que ora prefaciamos.
Como escreve o próprio autor, este livro destina-se preferencialmente a professores de matemática que atuam na Educação Básica (também a professores formadores de professores para atuação na Educação Básica, professores que atuam na Educação de Jovens e Adultos) que desejam apresentar e desenvolver com seus alunos a prática de questões relacionadas a algumas questões de análise combinatória e probabilidade que estão no cotidiano dos alunos e das pessoas comuns e, para tanto, de maneira a atingir este propósito gostariam de contar com sugestões de atividades e de situações-problema que possam aplicar. Aí está a chave do sucesso anunciado para esta obra: sugestões de atividades que permitem, ao professor dos Ensinos Fundamental e Médio, aplicar a metodologia proposta pelo autor, diretamente em sala de aula.
Trabalhos como este são raros, mas muito necessários, pois estabelecem uma ligação entre os diferentes níveis de ensino e favorecem a ultrapassagem dos "hiatos", fruto, em muitos casos, da

falta de experiência, com classes do ensino básico, por parte dos docentes das licenciaturas do nível superior.

Acompanho há muitos anos o trabalho do meu querido primo Paulo Jorge, seus progressos no mestrado, no doutorado e, principalmente, suas angústias a respeito da separação entre o ensino universitário e o fundamental e médio. Ao publicar este livro, desenvolve um projeto que estimo, tenha prosseguimento, em outros produtos intelectuais que auxiliem o professor do ensino básico a se sentir apoiado por experientes especialistas do ensino superior.

Como foi dito acima, são cada vez mais raros os professores dotados dessas múltiplas competências e experiências nos diferentes níveis de ensino, principalmente em trabalhos simultâneos de sinergia entre a teoria e a prática de sala de aula.

Fico feliz de participar desse projeto, com o qual me identifico profundamente, em termos metodológicos, na minha área de atuação, o que me faz recomendar o livro a todos que se interessem pela temática.

João Rua

Professor dos cursos de Mestrado e Doutorado do

Departamento de Geografia e Meio Ambiente da PUC-Rio.

Pontifícia Universidade Católica do Rio de Janeiro

Sumário

CAPÍTULO 1

Combinações Completas - As Escolhas Recaem Sobre objetos de um Conjunto onde nem Todos são Distintos entre si (Há pelo menos dois Elementos Repetidos) **1**
1.1 Introdução 1
1.3 Problemas 87

CAPÍTULO 2

Permutações Circulares **93**
2.1 Ideias preliminares 93
2.2 Contagem de permutações circulares com n objetos distintos 97
2.3 Exemplos 101
2.4 Problemas 102

CAPÍTULO 3

Permutações Circulares Sobre um Conjunto de Objetos nem Todos Distintos (Há Pelo Menos Dois Elementos Repetidos) **105**
3.1. Introdução 105
3.2. Exemplos 105
3.3. Problemas 115

CAPÍTULO 4

Permutações Caóticas **117**
4.1. Introdução 117
4.2. O Princípio da Inclusão-Exclusão 118
4.3. Permutações Caóticas 119
4.4. Problemas 126

CAPÍTULO 5

Considerações Finais **129**
5.1 Preliminares 129
5.2 Considerações finais 130

REFERÊNCIAS **133**

CAPÍTULO 1

Combinações Completas - As Escolhas Recaem Sobre objetos de um Conjunto onde nem Todos são Distintos entre si (Há pelo menos dois Elementos Repetidos)

1.1 Introdução

Um dos propósitos deste capítulo é o de caracterizar agrupamentos de objetos conhecidos como uma *combinação completa*, que consiste em compreender como é possível formar conjuntos (grupamentos) a partir da escolha de objetos de um conjunto formado por objetos distintos, podendo selecionar cada objeto mais que uma vez.

Ou, de modo similar, caracterizar agrupamentos nos quais as escolhas para a formação dos subconjuntos recaem sobre objetos de um conjunto onde nem todos os elementos são distintos entre si (há pelo menos dois elementos iguais, repetidos).

Assim, o agrupamento pode ser formado por todos os objetos distintos entre si, mas também pode conter quantidades iguais de um ou mais (ou todos) os objetos do dado conjunto. Por essa descrição, uma combinação completa também é conhecida na literatura como uma combinação com repetição.

Outro propósito é obter um modo que permite calcular a totalidade de combinações completas. Ou seja, um modo para determinar a totalidade de possíveis escolhas de **p** elementos, distintos ou não, que podem ser feitas no universo de um conjunto que dispõe de **n** elementos distintos em quantidades variáveis, e que satisfazem às condições impostas no enunciado do problema de contagem.

O número de modos de escolher **p** objetos (distintos ou não) entre **n** distintos objetos disponíveis é representado por CR_n^p (quantidade de combinações completas, ou o número de combinações completas de classe **p** de **n** objetos). Lembre-se que o número de modos de escolher **p** objetos distintos entre **n** distintos objetos disponíveis é representado por C_n^p (quantidade de combinações simples de taxa p).

Considere os seguintes problemas de contagem:

- Em uma mercearia são vendidos picolés nos sabores manga, maracujá, limão e uva. De quantos modos é possível comprar 3 (três) picolés?
- Em quantos anagramas da palavra PERERECA as letras R não estão juntas?
- De quantos modos é possível colocar 5 anéis diferentes em três dedos de uma mão?
- Quantas são as soluções com inteiros positivos da equação m + n + p = 6?
- Quantas são as soluções com inteiros não negativos da equação m + n + p = 6 nas quais n > p?
- Quantas são as soluções com inteiros positivos da inequação m + n + p ≤ 6?
- De quantos modos 5 objetos, exatamente iguais, podem ser pintados, quando se dispõe de 3 cores diferentes para as pinturas?

Todos esses problemas de contagem são possíveis ser resolvidos por conta da exploração do conceito combinações completas quando em um conjunto com objetos distintos se objetiva fazer escolhas, considerando a possibilidade de escolher um mesmo objeto mais de uma vez.
Ou seja, fazer escolhas de objetos distintos ou não em um quantitativo de objetos distintos disponíveis.

Assim, em uma combinação completa, pelo menos um dos elementos do conjunto pode ser escolhido mais de uma vez ou todos os elementos do conjunto têm mais que um exemplar repetido (ou exemplares do mesmo objeto, considerados como "iguais") de onde podem ser selecionados (escolhidos) alguns deles.
Voltemos ao problema 1 para resolvê-lo:

Exemplo 1: Em uma mercearia são vendidos picolés nos sabores manga(M), coco(C), limão(L) e uva(U). De quantos modos é possível comprar 3 (três) picolés?

Neste problema, o propósito é o de contabilizar o total de maneiras que há para comprar 3 picolés, escolhidos dentre os 4 sabores que estão disponíveis. Mas, se considerarmos o conceito de combinações simples e o total de $C_{4,3} = 4$ escolhas, estaremos contabilizando apenas as possibilidades de comprar os 3 picolés com sabores diferentes entre si, dentre os quatro sabores disponíveis.

É claro que ao resolver este problema devemos ter em mente que qualquer que seja o sabor do picolé, haverá sempre a possibilidade de comprar os três picolés de um mesmo sabor, se assim o desejarmos.

A contagem de 4 possibilidades, como acima, está a menor que o enunciado do problema permite considerar, pois no caso de considerar escolhas via combinações simples, por exemplo, deixam de ser contabilizadas as possibilidades de comprar os 3 picolés do mesmo sabor uva ou de comprar dois picolés de sabor manga e outro picolé de sabor limão.

O que fazer, então, para obter a contagem correta de todas as maneiras de selecionar os três picolés?

Apenas para ilustração - considerando que o quantitativo de possibilidades de escolhas dos três picolés não é tão grande -, podemos listar todas as possibilidades de compra dos 3 picolés (combinações completas de classe 3 de M, C, L e U, escolhidos 3 a 3), a saber: MMM, MMC, MML, MMU, MCC, MLL, MUU, MCL, MCU, MLU, CCC, CCL, CCU, CLL, CUU, CLU, LLL, LLU, LUU, UUU. Total de possibilidades: CR_4^3 = 20.

Para estabelecer essa contagem, vamos considerar uma relação unívoca entre cada uma das variáveis x, y, z e w e os sabores dos picolés, respectivamente, M (manga), C (coco), L (limão) e U (uva).

Assim, para escolher cada quantidade (ou não) de cada um dos sabores dos 3 picolés, se deve escolher valores para as variáveis x, y, z e w que satisfazem à equação x + y + z + w = 3, onde x é a quantidade selecionada de picolés de sabor manga, y é a quantidade selecionada de picolés de sabor coco, z é a quantidade selecionada de picolés de sabor limão e w é a quantidade selecionada de picolés de sabor uva, onde 3 é a quantidade de picolés a comprar.

Considerando que cada uma das variáveis na equação acima representa a quantidade de picolés do respectivo sabor que podem ser comprados, o valor de cada uma das variáveis não pode ser negativo, mas pode ser zero (possibilidade de não comprar picolé deste sabor).

Ou seja, cada variável admite valores inteiros maiores ou iguais a zero. Assim x, y, z, w devem ser números inteiros não negativos que satisfazem à equação x + y + z + w = 3.

Cada possibilidade de compra dos três picolés pode ser representada por uma quadra ordenada (por conta da disponibilidade de 4 sabores distintos de picolés). A quadra ordenada (2, 0, 0, 1), por exemplo, indica a compra de 2 (dois) picolés de sabor manga (M) e de um picolé de sabor uva (U), enquanto a quadra ordenada (0,0,0,3) indica a compra dos 3 picolés de sabor uva (U).
Então, qualquer compra (escolha) de 3 picolés, em um universo de 4 sabores distintos, é representada por uma solução da equação x + y + z + w = 3 formada por números inteiros não negativos.

Isto é: o número de modos de escolher 3 objetos distintos (ou não) de um universo de 4 objetos distintos (ou o número de soluções em inteiros não negativos da equação x + y + z + w = 3) é o mesmo quantitativo. E esse valor é representado pelo símbolo CR_4^3 = 20 (total de combinações completas de classe 3 de 4 sabores escolhidos 3 a 3). Falta, então, determinar o modo de encontrar esse resultado.

O desenho a seguir mostra 2 (duas) possibilidades de escolhas de três picolés, como ilustradas acima, a saber: (2, 0, 0, 1) e (0,0,0,3), e outras três possibilidades de escolhas de três picolés, dentre todas as 20 possibilidades que há. Mas, todas elas ainda precisam ser computadas, segundo o símbolo acima.

x	y	z	w	
0	0	0	3	(0,0,0,3)
			●●●	
2	0	0	1	(2, 0,0,1)
●●			●	
0	1	1	1	(0,1,1,1)
	●	●	●	
0	1	2	0	(0,1,2,0)
	●	●●		
1	1	1	0	(1,1,1,0)
●	●	●		

Na terceira situação, apontada no quadro acima, foram comprados um picolé de coco, um de limão e outro de uva. Na quarta situação foram comprados um picolé de coco e dois de limão, e na quinta situação foram comprados um picolé de manga, um de coco e um de limão.

O esquema representado na figura acima é conhecido como *esquema bola-traço*, que consiste em esquematizar uma maneira de determinar a quantidade de maneiras de arrumar *bolas* (cada bola representa uma unidade, correspondente ao valor unitário da incógnita em que a bola esteja colocada, no respectivo espaço, e por *traços separadores* (o traço é usado para separar uma incógnita da outra). Logo, a quantidade de traços separadores é igual ao total de incógnitas menos um.

Assim, cada arrumação de três bolas entre os traços separadores constitui uma maneira de representar uma solução em inteiros não negativos da equação x + y + z + w = 3. Portanto, o total de maneiras de fazer as possíveis arrumações das bolas entre os traços separadores é o total de soluções em inteiros não negativos desta equação.

Para a equação x + y + z + w = 3, o total de soluções em inteiros não negativos é o quantitativo de modos de arrumar 3 bolas iguais e 3 traços separadores iguais lado a lado, assim: um traço que separa a variável x da variável y; outro traço que separa a variável y da variável z e outro traço que separa a variável z da variável w, como apresentado na figura a seguir, para as 5 (cinco) possibilidades de compra de 3 picolés que foram apresentadas no quadro acima:

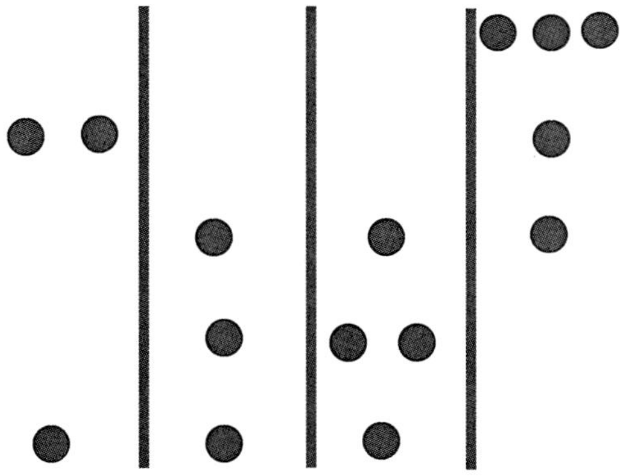

Ora, já se sabe que o total de possibilidades de arrumar 3 bolas iguais e 3 traços separadores iguais é dado pelo total de permutações com repetições, indicado e computado como $PR_6^{3,3} = \frac{6!}{3!x\ 3!} = \frac{6\ x\ 5\ x\ 4\ x\ 3!}{3!x\ 3!} = 5\ x\ 4 = 20$. E, também, que o total de soluções em inteiros não negativos da equação x + y + z + w = 3 é representado por CR_4^3.

Mas, por outro lado, também se sabe que a igualdade acima pode ser escrita como $PR_6^{3,3} = C_6^3$. Portanto, juntando as representações, tem-se:

$$CR_4^3 = PR_6^{3,3} = PR_{3+4-1}^{3,4-1} = \frac{(3+4-1)!}{3!x\,(4-1)!} = C_{3+4-1}^3 = C_6^3 = \frac{6!}{3!x\,3!} = 20.$$

De modo geral, determinar o número de soluções em inteiros não negativos da equação $x_1 + x_2 + x_3 + ... + x_n = p$ é equivalente a encontrar o número de permutações com repetição, com **p** bolas iguais e **n – 1** traços separadores iguais. Esta quantidade é, então, determinada por:

$$CR_n^p = PR_{p+n-1}^{p,n-1} = \frac{(n+p-1)!}{p!x\,(n-1)!} = C_{n+p-1}^p.$$

Exemplo 2: Em quantos anagramas da palavra PERERECA as letras R não estão juntas?

Para este segundo problema de contagem devemos considerar, de início, o número de modos de arrumar as 6 letras da palavra PERERECA que são diferentes da letra R, quais sejam: 3 (três) letras E, 1 (uma) letra P, 1 (uma) letra C e 1 (uma) letra A. Já se sabe que isso pode ser feito de $PR_6^{3,1,1,1}$ maneiras distintas.

Uma das arrumações possíveis está representada no desenho a seguir, com um espaço antes das seis letras, um espaço entre cada uma dessas seis letras e um espaço depois de todas essas seis letras.

1 2 3 4 5 6 7

__ E __ P __ C __ A __ E __ E __

Cada espaço indicado na figura acima, não indica que ele tenha que ser ocupado unicamente por uma só letra, no caso geral. Porém, para este problema em questão, sabe-se que tal possibilidade não poderá ocorrer. Assim, o mesmo esquema acima serviria para computar o total de anagramas da palavra PERERECA em que as duas letras R estejam juntas nos anagramas.

Mas, para esse problema - que consiste na colocação das 2 letras R não juntas -, em cada um dos espaços não poderá ser colocada mais que uma letra R, pois se assim fosse teríamos as duas letras R juntas - o que não é permitido pelo enunciado do problema.

Portanto, será preciso escolher 2 espaços dentre os 7 espaços disponíveis e em cada um deles colocar uma letra R, e deixando os outros 5 espaços vazios. O número de modos de escolher os espaços que serão ocupados pelas 2 letras R é determinado por C_7^2.

Logo, aplicando o princípio multiplicativo há $PR_6^{3,1,1,1}$ x C_7^2 = $\frac{6! x\ 7!}{3! x\ 5! x\ 2!}$ modos de arrumar as letras da palavra PERERECA de modo a não haver arrumações com as 2 letras R juntas. Igualmente, o número de anagramas da palavra PERERECA em que não há duas letras R juntas.

Outra estratégia de resolução seria a de começar colocando as 2 letras R e deixar espaços antes delas, entre elas e depois delas para a arrumação das restantes 6 (seis) letras da palavra PERERECA, tomando o cuidado de considerar que entre as duas letras R há a obrigatoriedade de ter de preencher esse espaço com pelo menos uma dentre as 6 letras restantes (até colocar todas as 6 letras), com o propósito de não permitir que as duas letras R fiquem juntas.
O desenho a seguir ilustra a possibilidade de uso dessa estratégia:

1 2 3
__ R __ R __

Portanto, dispondo das 6 letras restantes, será preciso decidir quantas letras serão colocadas em cada um dos 3 espaços acima, com pelo menos uma letra entre as letras R.

Ou seja, devem ser escolhidos valores inteiros não negativos m, p e s (correspondentes aos respectivos espaços mostrados na figura acima) que satisfaçam à equação m + p + s = 6 e à condição p ≥ 1 (de modo que se tenha pelo menos uma dessas letras entre as letras R). Atender a essa última condição permite que as letras R não fiquem juntas (pelo menos uma das 6 letras restantes deverá ser colocada no espaço entre as letras R).

Mas, pelo que foi desenvolvido até agora, acerca da quantidade de soluções de uma dada equação com variáveis tomando valores inteiros, só se sabe calcular o número de soluções com inteiros não negativos de uma equação. Assim, ainda não se sabe como fazer o cálculo do total de soluções em inteiros não negativos de modo que atenda também à condição p ≥ 1, como indicado acima.

Tudo que se quer saber é, então: o número de soluções em inteiros não negativos da equação m + p + s = 6 e, que satisfaz à condição p ≥ 1.

Precisamos, pois, fazer uma mudança de variável em relação à variável **p** na equação m + p + s = 6, de maneira a escrever uma equação equivalente a esta na qual todas as variáveis atendam à condição de ser números inteiros não negativos, que já se sabe como determinar a totalidade de soluções.

Isso pode ser feito assim: se p ≥ 1, então p – 1 ≥ 0. Chamando p – 1 de y, tem-se: p = y + 1, y ≥ 0. Portanto, a equação m + p + s = 6 é equivalente à equação m + y + 1 + s = 6, ou seja, m + y + s = 5, m ≥ 0, y ≥ 0 e s ≥ 0. Já se sabe que a quantidade de soluções em inteiros não negativos da equação m + y + s = 5 é dada por $CR_3^5 = C_{5+3-1}^5 = C_7^5 = \frac{7!}{5! x\, 2!} = 21.$

Assim, o total de modos de colocar as letras P, E, E, E, C e A pelos espaços mostrados no desenho acima de maneira que as 2 (duas) letras R não fiquem juntas é 21.

Uma vez que tenham sido encontradas todas as maneiras de colocar as letras P, E, E, E, C e A que atendem à condição de não deixar que as duas letras R fiquem juntas nos anagramas, falta agora obter o total de modos de ordená-las por entre os espaços, o que pode ser feito de $PR_6^{3,1,1,1}$ modos distintos.

Portanto, por meio da aplicação do princípio multiplicativo, assim: $CR_3^5\ x\ PR_6^{3,1,1,1} = C_{5+3-1}^5\, x\, \frac{6!}{3!}$ $= C_7^5 x\, \frac{6!}{3!} = \frac{7!}{5! x\, 2!} x\, \frac{6!}{3!} = \frac{7!\, x\, 6!}{5!\, x\, 2!\, x\, 3!} = 21\ x\ 20 = 420$, este é o total de modos de arrumar as letras da palavra PERERECA de modo que as letras R não fiquem juntas.

Exemplo 3:
Quantas são as soluções em inteiros positivos de m + n + p = 6?

O total de soluções em inteiros positivos da equação m + n + p = 6 é determinado por m + n + p = 6, m > 0, n > 0, p > 0.

Ainda não sabemos resolver equações que atendam à essas condições. Mas, em números inteiros, escrever m > 0, por exemplo, é equivalente a escrever m ≥ 1.

Assim, é possível reescrever a equação acima em uma equação equivalente a ela, isto é, que tem exatamente as mesmas soluções que ela, da seguinte maneira:

m + n + p = 6, m ≥ 1, n ≥ 1, p ≥ 1;

x = m - 1 ≥ 0, y = n - 1 ≥ 0, z = p - 1 ≥ 0;

m -1 + n - 1 + p - 1 = 6 – 1 – 1 – 1 = 3;
x + y + z = 3, x ≥ 0, y ≥ 0, z ≥ 0, equação equivalente à equação m + n + p = 6, m > 0, n > 0, p > 0, cujas soluções são dadas em inteiros não negativos.

Assim, o total de soluções em inteiros positivos da equação m + n + p = 6 é a mesma quantidade de soluções em inteiros não negativos da equação x + y + z = 3.
O total de soluções em inteiros não negativos da equação x + y + z = 3 é dado por $CR_3^3 = C_{3+3-1}^3 = \frac{5!}{3! x\ 2!} = 10$ soluções.

Assim, o total de soluções em inteiros positivos da equação m + n + p = 6, em um total de 10 (dez) soluções, pode ser apresentado conforme a enumeração seguinte: (1,1,4), (1,4,1), (4,1,1), (1,2,3), (1,3,2), (2,1,3), (2,3,1), (3,2,1), (3,1,2), (2,2,2).

Pode-se observar que, de maneira equivalente, para enumerar as mesmas 10 (dez) soluções em inteiros não negativos da equação x + y + z = 3 basta diminuir uma unidade em cada uma das posições das ternas ordenadas acima, ou seja: (0,0,3), (0,3,0), (3,0,0), (0,1,2), (0,2,1), (1,0,2), (1,2,0), (2,1,0), (2,0,1), (1,1,1).

Exemplo 4:
Quantas são as soluções em inteiros não negativos de m + n + p = 6?

O total de soluções em inteiros não negativos da equação m + n + p = 6 é determinado por $CR_3^6 = C_{6+3-1}^6 = \frac{8!}{6! x\ 2!} = 28.$

Esse total de 28 soluções engloba as 10 (dez) soluções anteriores (soluções em inteiros positivos): (1,1,4), (1,4,1), (4,1,1), (1,2,3), (1,3,2), (2,1,3), (2,3,1), (3,2,1), (3,1,2), (2,2,2), mais um total de 18 soluções que têm pelo menos uma das variáveis igual a zero, a saber: 15 soluções com uma variável nula: (0,4,2), (0,2,4), (4,0,2), (4,2,0), (2,0,4), (2,4,0), (0,1,5), (0,5,1), (1,5,0), (1,0,5), (5,1,0), (5,0,1), (0,3,3), (3,0,3), (3,3,0) e 3 soluções com duas variáveis nulas: (0,0,6), (0,6,0) e (6,0,0).

Exemplo 5:
Quantas são as soluções em inteiros não negativos da equação m + n + p = 6, tais que n > p?

O quadro a seguir mostra todas as possibilidades para os valores da variável p:

					Equação em inteiros não negativos
1	p=0	m≥0	n≥1	t = n - 1 ≥ 0	m+ n = 6; m + n - 1 = 6 - 1; **m + t = 5**
2	p=1	m≥0	n≥2	t = n - 2 ≥ 0	m+ n = 5; m + n - 2 = 5 - 2; **m + t = 3**
3	p=2	m≥0	n≥3	t = n - 3 ≥ 0	m+ n = 4; m + n - 3 = 4 -3; **m + t = 1**

Para a possibilidade 1, a equação m + t = 5 em inteiros não negativos possui $CR_2^5 = C_{5+2-1}^5 = C_6^5 = 6$ soluções, a saber: (0,6,0), (1,5,0), (2,4,0), (3,3,0), (4,2,0), (5,1,0).

Para a possibilidade 2, a equação m + t = 3 em inteiros não negativos possui $CR_2^3 = C_{3+2-1}^3 = C_4^3 = 4$ soluções, a saber: (0,5,1), (1,4,1), (2,3,1), (3,2,1).

Para a possibilidade 3, a equação m + t = 1 em inteiros não negativos possui $CR_2^1 = C_{1+2-1}^1 = C_2^1 =$ 2 soluções, a saber: (0,4,2), (1,3,2).

O total de soluções em inteiros não negativos da equação m + n + p = 6, tais que n > p é, então, 6 + 4 + 2 = 12 soluções.

Exemplo 6:

Quantas são as soluções em inteiros positivos da inequação m + n + p ≤ 6?

O total de soluções em inteiros positivos de m + n + p ≤ 6 é o somatório de soluções para cada uma das seguintes equações, mostradas a seguir:

- ✓ Soluções em inteiros positivos da equação m + n + p = 6;
- ✓ Soluções em inteiros positivos da equação m + n + p = 5;
- ✓ Soluções em inteiros positivos da equação m + n + p = 4;
- ✓ Soluções em inteiros positivos da equação m + n + p = 3;
- ✓ Soluções em inteiros positivos da equação m + n + p = 2 e
- ✓ Soluções em inteiros positivos da equação m + n + p = 1.

O quadro a seguir mostra as restrições que precisam ser consideradas, para cada uma das equações acima, considerando o fato de que se sabe determinar o total de soluções em inteiros não negativos de uma dada equação.

	Solução em inteiros positivos				Solução em inteiros não negativos
1	m + n + p = 6	m>0	n>0	p>0	
		m≥1	n≥1	p≥1	x + y + z = 3
2	m + n + p = 5	m>0	n>0	p>0	
		m≥1	n≥1	p≥1	x + y + z = 2
3	m + n + p = 4	m>0	n>0	p>0	
		m≥1	n≥1	p≥1	x + y + z = 1
4	m + n + p = 3	m>0	n>0	p>0	
		m≥1	n≥1	p≥1	x + y + z = 0
5	m + n + p = 2	m>0	n>0	p>0	Não tem soluções em inteiros positivos
6	m + n + p = 1	m>0	n>0	p>0	Não tem soluções em inteiros positivos

Eis, portanto, as 6 (seis) possibilidades que precisam ser consideradas, conforme mostra o quadro acima:

- Para a possibilidade 1, o total de soluções em inteiros positivos da equação m + n + p = 6 é determinado por m + n + p = 6, m > 0, n > 0, p > 0; m + n + p = 6, m ≥ 1, n ≥ 1, p ≥ 1; x + y + z = 3, x = m - 1, y = n - 1, z = p - 1, x + y + z = 3, x ≥ 0, y ≥ 0, z ≥ 0, soluções em inteiros não negativos. O total é de $CR_3^3 = C_{3+3-1}^3 = \frac{5!}{3!x\ 2!} = 10$ soluções em inteiros positivos. As soluções em inteiros não negativos da equação x + y + z = 3 são as seguintes: (2,1,0), (1,2,0), (2,0,1), (1,0,2), (0,1,2), (0,2,1), (3,0,0), (0,3,0), (0,0,3), (1,1,1). Portanto, as soluções em inteiros positivos da equação m + n + p = 6 são as seguintes: (3,2,1), (2,3,1), (3,1,2), (2,1,3), (1,2,3), (1,3,2), (4,1,1), (1,4,1), (1,1,4), (2,2,2);
- Para a possibilidade 2, o total de soluções em inteiros positivos da equação m + n + p = 5 é determinado por m + n + p = 5, m > 0, n > 0, p > 0; m + n + p = 5, m ≥ 1, n ≥ 1, p ≥ 1; x + y + z = 2, x = m + 1, y = n + 1, z = p + 1, x + y + z = 2, x ≥ 0, y ≥ 0, z ≥ 0, soluções em inteiros não negativos. O total é de $CR_3^2 = C_{3+2-1}^2 = \frac{4!}{2!x\ 2!} = 6$ soluções em inteiros positivos. As soluções em inteiros não negativos da equação x + y + z = 2 são: (1,1,0), (1,0,1), (0,1,1), (2,0,0), (0,2,0), (0,0,2). Portanto, as soluções em inteiros positivos da equação m + n + p = 5 são as seguintes: (2,2,1), (2,1,2), (1,2,2), (3,1,1), (1,3,1), (1,1,3);

- Para a possibilidade 3, o total de soluções em inteiros positivos da equação m + n + p = 4 é determinado por m + n + p = 4, m > 0, n > 0, p > 0; m + n + p = 4, m ≥ 1, n ≥ 1, p ≥ 1; x + y + z = 1, x = m + 1, y = n + 1, z = p + 1, x + y + z = 1, x ≥ 0, y ≥ 0, z ≥ 0, soluções em inteiros não negativos. O total é de $CR_3^1 = C_{1+3-1}^1 = \frac{3!}{2!x\,1!} = 3$ soluções em inteiros positivos. As soluções em inteiros não negativos da equação x + y + z = 1 são: (1,0,0), (0,1,0), (0,0,1). Portanto, as soluções em inteiros positivos da equação m + n + p = 4 são as seguintes: (2,1,1), (1,2,1), (1,1,2);
- Para a possibilidade 4, o total de soluções em inteiros positivos da equação m + n + p = 3 é determinado por m + n + p = 3, m > 0, n > 0, p > 0; m + n + p = 3, m ≥ 1, n ≥ 1, p ≥ 1; x + y + z = 0, x = m + 1, y = n + 1, z = p + 1, x + y + z = 0, x ≥ 0, y ≥ 0, z ≥ 0, soluções em inteiros não negativos. O total é de $CR_3^0 = C_{0+3-1}^0 = \frac{3!}{3!x\,0} = 1$ solução em inteiros positivos. A solução em inteiros não negativos da equação x + y + z = 0 é a seguinte: (0,0,0). Portanto, a solução em inteiros positivos da equação m + n + p = 3 é: (1,1,1);
- Não há soluções em inteiros positivos para a equação m + n + p = 2, m > 0, n > 0, p > 0 e para a equação m + n + p = 1, m > 0, n > 0, p > 0.

Portanto, o total de soluções em inteiros positivos da equação m + n + p ≤ 6 é 10 + 6 + 3 + 1 = 20.

Exemplo 7: Quantas são as soluções em inteiros de m + n + p = 8 em que nenhuma incógnita é inferior a 2?

O total de soluções em inteiros da equação m + n + p = 8 é determinado por m + n + p = 8, m ≥ 2, n ≥ 2, p ≥ 2.

De maneira equivalente, x = m - 2 ≥ 0, y = n - 1 ≥ 0, z = p - 2 ≥ 0; x + y + z = 2, x = m - 2, y = n - 2, z = p – 2.

A equivalente equação em inteiros não negativos é dada por x + y + z = 2, x ≥ 0, y ≥ 0, z ≥ 0.
O total é de $CR_3^2 = C_{2+3-1}^2 = \frac{4!}{2!x\,2!} = 6$ soluções em inteiros não negativos para a equação x + y + z = 2, x ≥ 0, y ≥ 0, z ≥ 0, que é a mesma quantidade de soluções em inteiros da equação m + n + p = 8, em que nenhuma incógnita é inferior a 3.

As soluções em inteiros não negativos para a equação x + y + z = 2 são as seguintes: (1,1,0), (1,0,1), (0,1,1), (2,0,0), (0,2,0), (0,0,2). Portanto, as soluções em inteiros para a equação m + n + p = 8, em que nenhuma incógnita é inferior a 2 são determinadas quando se adiciona a quantidade 2 a cada uma das correspondentes variáveis, determinando as seguintes soluções: (3,3,2), (3,2,2), (2,3,3), (4,2,2), (2,4,2), (2,2,4).

Exemplo 8: Quantas são as soluções em inteiros não negativos da inequação m + n + p ≤ 4?

O total de soluções em inteiros não negativos de m + n + p ≤ 4 é o somatório de soluções para cada uma das seguintes equações, mostradas a seguir:

Soluções em inteiros não negativos da equação m + n + p = 4;

- ✓ Soluções em inteiros não negativos da equação m + n + p = 3;
- ✓ Soluções em inteiros não negativos da equação m + n + p = 2;
- ✓ Soluções em inteiros não negativos da equação m + n + p = 1 e
- ✓ Soluções em inteiros não negativos da equação m + n + p = 0.

- Para a possibilidade 1, o total de soluções em inteiros não negativos da equação m + n + p = 4, m ≥ 0, n ≥ 0, p ≥ 0 é determinado por $CR_3^4 = C_{4+3-1}^4 = \frac{6!}{4! x\ 2!} = 15$ soluções em inteiros não negativos;
- Para a possibilidade 2, o total de soluções em inteiros não negativos da equação m + n + p = 3, m ≥ 0, n ≥ 0, p ≥ 0 é determinado por $CR_3^3 = C_{3+3-1}^3 = \frac{5!}{3! x\ 2!} = 10$ soluções em inteiros não negativos;
- Para a possibilidade 3, o total de soluções em inteiros não negativos da equação m + n + p = 2, m ≥ 0, n ≥ 0, p ≥ 0 é determinado por $CR_3^2 = C_{2+3-1}^2 = \frac{4!}{2! x\ 2!} = 6$ soluções em inteiros não negativos;
- Para a possibilidade 4, o total de soluções em inteiros não negativos da equação m + n + p = 1, m ≥ 0, n ≥ 0, p ≥ 0 é determinado por $CR_3^1 = C_{1+3-1}^1 = \frac{3!}{2! x\ 1!} = 3$ soluções em inteiros não negativos;
- Para a possibilidade 5, o total de soluções em inteiros não negativos da equação m + n + p = 0, m ≥ 0, n ≥ 0, p ≥ 0 é determinado por $CR_3^0 = C_{0+3-1}^0 = \frac{2!}{2! x\ 0!} = 1$ solução em inteiros não negativos.

O total de soluções em inteiros não negativos da equação m + n + p ≤ 4 é 15 + 10 + 6 + 3 + 1 = 35.

Exemplo 9: Quantas são as soluções em inteiros positivos da equação m + n + p + q = 16 onde q > 6?

A quantidade de soluções em inteiros positivos da equação m + n + p + q = 16, onde m > 0, n > 0, p > 0, q > 6 é equivalente à quantidade de soluções em inteiros positivos da equação m + n + p + q - 6 = 16 – 6 = 10, onde: m + n + p + t = 10, m > 0, n > 0, p > 0, t = q – 6 > 0.

Por sua vez, a quantidade de soluções em inteiros positivos desta equação é equivalente à quantidade de soluções em inteiros não negativos da equação (m – 1) + (n – 1) + (p – 1) + (t – 1) = 10 – 1 – 1 – 1 – 1 = 6, a + b + c + d = 6, onde: a = m - 1 ≥ 0, b = n - 1 ≥ 0, c = p - 1 ≥ 0, d = t - 1 ≥ 0. O total de soluções é dada por: $CR_4^6 = C_{6+4-1}^6 = \frac{9!}{6! x\, 3!} = 42.$

De modo geral, temos o seguinte resultado:

O número de soluções em inteiros positivos da equação $x_1 + x_2 + ... + x_p = m$, m > 0, equivalente à equação e condições:

$x_1 - 1 + x_2 - 1 + ... + x_p - 1 = m - p$,

$y_1 + y_2 + ... + y_p = m - p$, $y_i \geq 0$, que é dada por:

$$CR_p^{m-p} = C_{m-p+p-1}^{m-p} = C_{m-1}^{m-p} = \frac{(m-1)!}{(m-p)!\, x\, (m-1-m+p)!} = \frac{(m-1)!}{(m-p)!\, x\, (p-1)!}.$$

Exemplo 10: Quantas são as soluções em inteiros não negativos da equação m + n + p + q = 16 onde q > 6?

A quantidade de soluções em inteiros não negativos da equação m + n + p + q = 16, onde m ≥ 0, n ≥ 0, p ≥ 0, q > 6 é equivalente à quantidade de soluções em inteiros não negativos da equação m + n + p + q - 7 = 16 – 7 = 9, onde: m + n + p + t = 9, m ≥ 0, n ≥ 0, p ≥ 0, t = q – 6 > 0, t = q – 6 ≥ 1, t = q – 7 ≥ 0, m + n + p + t = 9, m ≥ 0, n ≥ 0, p ≥ 0, t ≥ 0.

Por sua vez, a quantidade de soluções em inteiros não negativos da equação m + n + p + t = 9, m ≥ 0, n ≥ 0, p ≥ 0, t ≥ 0 é dada por: $CR_4^9 = C_{9+4-1}^9 = \frac{12!}{9!\, x\, 3!} = 220.$

A diferença 220 – 42 (obtida no exemplo 10) = 178 é a quantidade de soluções em inteiros da equação m + n + p + q = 16 que têm ao menos uma das variáveis nulas.

De modo geral, temos o seguinte resultado:

O número de soluções em inteiros não negativos da equação $x_1 + x_2 + ... + x_p = m$, $x_i \geq 0$, a qual é equivalente à equação e condições $(x_1 + 1) + (x_2 + 1) + ... + (x_p + 1) = m + p$, $y_1 + y_2 + ... + y_p = m + p$, $y_i = x_i + 1$, $y_i \geq 1$, é dada por:

$$CR_p^{m+p-p} = C_{m+p-1}^m = \frac{(m+p-1)!}{m!\,x\,(m+p-1-m)!} = \frac{(m+p-1)!}{m!\,x\,(p-1)!}.$$

Exemplo 11: Quantas são as soluções em inteiros positivos da equação $x_1 + x_2 + x_3 + x_4 + x_5 = 12$?

O total de soluções em inteiros positivos da equação $x_1 + x_2 + x_3 + x_4 + x_5 = 12$, $x_i > 0$, $x_i \geq 1$, $yi = x_i - 1 \geq 0$, $(x_1 - 1) + (x_2 - 1) + (x_3 - 1) + (x_4 - 1) + (x_5 - 1) = 12 - 1 - 1 - 1 - 1 - 1 = 7$, é o mesmo que o total de soluções em inteiros não negativos da equação $y_1 + y_2 + y_3 + y_4 + y_5 = 7$, $yi \geq 0$ que, por sua vez, é dado por $CR_5^7 = C_{7+5-1}^7 = C_{11}^7 = \frac{11!}{7!\,x\,4!} = 330$ soluções. Ou então, aplicando diretamente a fórmula, obtém-se $CR_5^7 = \frac{(12-1)!}{(12-5)!\,x\,(5-1)!} = \frac{(11)!}{(7)!\,x\,(4)!} = 330$ soluções.

Exemplo 12: Quantas são as soluções em inteiros não negativos da equação $x_1 + x_2 + x_3 + x_4 + x_5 = 12$?

O total de soluções em inteiros não negativos da equação $x_1 + x_2 + x_3 + x_4 + x_5 = 12$, $x_i \geq 0$, ao aplicar diretamente a fórmula, é dado por

$CR_5^{12} = C_{12+5-1}^{12} = C_{16}^{12} = \frac{16!}{12!\,x\,4!} = 1820$ soluções.

Exemplo 13: Quantas são as soluções em inteiros de $x_1 + x_2 + x_3 + x_4 + x_5 = 40$ em que todas as incógnitas são maiores que 4?

O total de soluções em inteiros da equação $x_1 + x_2 + x_3 + x_4 + x_5 = 40$ é determinado por $x_1 + x_2 + x_3 + x_4 + x_5 = 40$, $xj \geq 5$, $xj - 5 \geq 0$.

Equivalentemente, tem-se:

$(x_1 - 5) + (x_2 - 5) + (x_3 - 5) + (x_4 - 5) + (x_5 - 5) = 40 - 20 = 20$,

$y_1 + y_2 + y_3 + y_4 + y_5 = 20$, $yj \geq 0$.

O total de soluções em inteiros não negativos da última equação é dado por $CR_5^{20} = C_{20+5-1}^{20} = \frac{24!}{20! x\ 4!} = 42.504$ soluções em inteiros não negativos para a equação $y_1 + y_2 + y_3 + y_4 + y_5 = 20$, $yj \geq 0$. Este total representa a mesma quantidade de soluções em inteiros da equação $x_1 + x_2 + x_3 + x_4 + x_5 = 40$, em que todas as incógnitas são maiores que 4.

Exemplo 14: Quantas são as soluções em inteiros positivos de $x_1 + x_2 + x_3 + x_4 + x_5 = 40$, em que $x_3 > 6$?

O total de soluções em inteiros positivos da equação $x_1 + x_2 + x_3 + x_4 + x_5 = 40$, $x_3 > 6$ é determinado por $x_1 + x_2 + x_3 + x_4 + x_5 = 40$, $xj \geq 1$, $xj - 1 \geq 0$, $j = 1, 2, 4, 5$, $x_3 - 6 \geq 1$, $x_3 - 7 \geq 0$,
Equivalentemente, tem-se:

$(x_1 - 1) + (x_2 - 1) + (x_3 - 7) + (x_4 - 1) + (x_5 - 1) = 40 - 11 = 29$,

$y_1 + y_2 + y_3 + y_4 + y_5 = 29$, $yj \geq 0$.

O total de soluções em inteiros não negativos da última equação é dado por $CR_5^{29} = C_{29+5-1}^{29} = \frac{33!}{29!\ x\ 4!} = 40.920$ soluções em inteiros não negativos para a equação $y_1 + y_2 + y_3 + y_4 + y_5 = 29$, $yj \geq 0$. Este total representa a mesma quantidade de soluções em inteiros positivos da equação $x_1 + x_2 + x_3 + x_4 + x_5 = 40$, $x_3 > 6$.

Exemplo 15: Quantas são as soluções em inteiros positivos da equação $x_1 + x_2 + x_3 + x_4 + x_5 = 18$, em que exatamente duas incógnitas são nulas?

O número de modos de escolher 2 (duas) incógnitas nulas dentre as 5 incógnitas presentes na equação acima é determinado por $C_{5,2} = 10$ modos.

Por conta disso, as demais incógnitas devem admitir apenas números inteiros positivos como valores possíveis.

O total de soluções em inteiros positivos da equação $x + y + z = 18$ são tais que $x > 0$, $y > 0$, $z > 0$, $x - 1 \geq 0$, $y - 1 \geq 0$, $z - 1 \geq 0$.

Equivalentemente, tem-se:

- $(x - 1) + (y - 1) + (z - 1) = 18 - 1 - 1 - 1 = 15$;

- m + n + p = 15, com soluções em inteiros não negativos.

O total de soluções em inteiros não negativos da equação acima é determinado por $CR_3^{15} = C_{15+3-1}^{15} = \frac{17!}{15!\,x\,2!} = 136$ soluções em inteiros não negativos para a equação m + n + p = 15, m ≥ 0, n ≥ 0, p ≥ 0.

Por sua vez, esta é a mesma quantidade de soluções em inteiros positivos da equação x + y + z = 18.

Portanto, aplicando o princípio multiplicativo tem-se o total de soluções em inteiros positivos da equação $x_1 + x_2 + x_3 + x_4 + x_5 = 18$, em que exatamente duas incógnitas são nulas, a saber: um total de $C_{5,2}$ x 136 = 1360 soluções.

Os exemplos que serão discutidos a seguir têm o propósito de contextualizar as ideias apresentadas nos exemplos anteriores, e discutir como podem ser resolvidos quatro tipos de problemas: colocar objetos iguais em caixas diferentes; colocar objetos diferentes em caixas diferentes; colocar objetos iguais em caixas iguais e, por fim, colocar objetos diferentes em caixas iguais.

Exemplo 16: De quantos modos podemos comprar 5 (cinco) sorvetes em uma mercearia que vende 8 (oito) tipos de sorvetes?

É possível estabelecer uma relação unívoca entre cada tipo de sorvete e uma variável xj, j = 1, ..., 8, e os valores das variáveis em inteiros não negativos que satisfaçam à equação $x_1 + x_2 + x_3 + x_4 + x_5 + x_6 + x_7 + x_8 = 5$. O total de soluções em inteiros não negativos é dado por $CR_8^5 = C_{5+8-1}^5 = \frac{12!}{5!\,x\,7!} = 792$ modos distintos de selecionar 5 sorvetes quando há 8 tipos diferentes de sorvetes disponíveis.

Exemplo 17: Qual o total de soluções em inteiros não negativos da equação x + y + z + w = 20, tais que y > x?

O quadro a seguir mostra todas as possibilidades que atendem à condição do enunciado:

Valor da variável x	y > x			Solução em inteiros não negativos		
x = 0	y > 0	y ≥ 1	y - 1 ≥ 0	t + z + w = 19	CR_3^{19}	210
x = 1	y > 1	y ≥ 2	y - 2 ≥ 0	t + z + w = 17	CR_3^{17}	171
x = 2	y > 2	y ≥ 3	y - 3 ≥ 0	t + z + w = 15	CR_3^{15}	136
x = 3	y > 3	y ≥ 4	y - 4 ≥ 0	t + z + w = 13	CR_3^{13}	105
x = 4	y > 4	y ≥ 5	y - 5 ≥ 0	t + z + w = 11	CR_3^{11}	78
x = 5	y > 5	y ≥ 6	y - 6 ≥ 0	t + z + w = 9	CR_3^{9}	55
x = 6	y > 6	y ≥ 7	y - 7 ≥ 0	t + z + w = 7	CR_3^{7}	36
x = 7	y > 7	y ≥ 8	y - 8 ≥ 0	t + z + w = 5	CR_3^{5}	21
x = 8	y > 8	y ≥ 9	y - 9 ≥ 0	t + z + w = 3	CR_3^{3}	10
x = 9	y > 9	y ≥ 10	y - 10 ≥ 0	t + z + w = 1	CR_3^{1}	3
						Total:825

Assim, há um total de:

$CR_3^{19} + CR_3^{17} + CR_3^{15} + CR_3^{13} + CR_3^{11} + CR_3^{9} + CR_3^{7} + CR_3^{5} + CR_3^{3} + CR_3^{1} = C_{21}^{19} + CR_{19}^{17} + CR_{17}^{15} + CR_{15}^{13} + CR_{13}^{11} + CR_{11}^{9} + CR_{9}^{7} + CR_{7}^{5} + CR_{5}^{3} + CR_{3}^{1} = 210 + 171 + 136 + 105 + 78 + 55 + 36 + 21 + 10 + 3 = 825$ soluções em inteiros não negativos da equação x + y + z + w = 20, tais que y > x.

Exemplo 18: Qual o total de soluções em inteiros positivos da equação x + y + z + w = 20, tais que y > x?

O quadro a seguir mostra todas as possibilidades que atendem à condição do enunciado:

Valor da variável	y > x					Solução em inteiros não negativos		
x = 1	y > 1	y ≥ 2	y - 2 ≥ 0	z - 1 ≥ 0	w - 1 ≥ 0	a + b + c = 15	CR_3^{15}	136
x = 2	y > 2	y ≥ 3	y - 3 ≥ 0	z - 1 ≥ 0	w - 1 ≥ 0	a + b + c = 13	CR_3^{13}	105
x = 3	y > 3	y ≥ 4	y - 4 ≥ 0	z - 1 ≥ 0	w - 1 ≥ 0	a + b + c = 11	CR_3^{11}	78
x = 4	y > 4	y ≥ 5	y - 5 ≥ 0	z - 1 ≥ 0	w - 1 ≥ 0	a + b + c = 9	CR_3^{9}	55
x = 5	y > 5	y ≥ 6	y - 6 ≥ 0	z - 1 ≥ 0	w - 1 ≥ 0	a + b + c = 7	CR_3^{7}	36
x = 6	y > 6	y ≥ 7	y - 7 ≥ 0	z - 1 ≥ 0	w - 1 ≥ 0	a + b + c = 5	CR_3^{5}	21
x = 7	y > 7	y ≥ 8	y - 8 ≥ 0	z - 1 ≥ 0	w - 1 ≥ 0	a + b + c = 3	CR_3^{3}	10
x = 8	y > 8	y ≥ 7	y - 9 ≥ 0	z - 1 ≥ 0	w - 1 ≥ 0	a + b + c = 1	CR_3^{1}	3
								Total: 444

Assim, há um total de:

$CR_3^{15} + CR_3^{13} + CR_3^{11} + CR_3^{9} + CR_3^{7} + CR_3^{5} + CR_3^{3} + CR_3^{1} = C_{21}^{19} + CR_{19}^{17} + CR_{17}^{15} + CR_{15}^{13} + CR_{13}^{11} + CR_{11}^{9} + CR_{9}^{7} + CR_{7}^{5} + CR_{5}^{3} + CR_{3}^{1} = 136 + 105 + 78 + 55 + 36 + 21 + 10 + 3 = 444$ soluções em inteiros positivos da equação x + y + z + w = 20, tais que y > x.

Exemplo 19: Qual o total de soluções em inteiros não negativos da equação x + y + z = 6, tais que z > y > x?

O quadro a seguir mostra todas as possibilidades que atendem à condição do enunciado:

Valor da variável x	y > x	z > y		Solução em inteiros não negativos
x = 0	**y = 1**	z ≥ 2	0 ≤ z - 2 ≤ 3	z = 5 (0,1,5)
x = 0	**y = 2**	z ≥ 3	0 ≤ z - 3 ≤ 1	z = 4 (0,2,4)
x = 1	**y = 2**	z ≥ 3	0 ≤ z - 3 ≤ 0	z = 3 (1,2,3)

Assim, há 3 soluções em inteiros não negativos da equação x + y + z = 6, tais que z > y > x.

Exemplo 20: De quantos modos é possível colocar 2 anéis exatamente iguais em dois dedos de uma mão?

Quando da leitura do enunciado deste problema questões importantes devem ser levadas em conta, as quais se referem aos seguintes aspectos:

- ✓ Interpretar o verbo colocar;
- ✓ Levar em conta o fato de os dois anéis serem exatamente iguais;
- ✓ Levar em conta a possibilidade de que qualquer um dos dois dedos pode ficar sem anel (equivalente à situação de os dois anéis serem colocados em um só dedo);
- ✓ Levar em conta que pelo fato de os anéis serem exatamente iguais não cabe pensar em ordenar os anéis entre si e considerar arrumações distintas, pois não há.

Assim, o verbo colocar é considerado sinônimo do verbo distribuir, em relação às possibilidades de os anéis serem distribuídos pelos dois dedos de uma mão.

Equivalentemente, colocar objetos iguais em caixas diferentes, mas apenas colocar os objetos nas caixas. Caso se pense em arrumar os objetos iguais no interior das caixas, não há o que considerar, pelo fato de os objetos serem indistinguíveis entre si. Igualmente, pintar objetos exatamente iguais, dispondo de duas ou mais cores distintas.

Quando os 2 (dois) anéis são considerados exatamente iguais, será preciso computar apenas o número de maneiras de colocar (selecionar) os dois anéis pelos dois dedos levando em conta o fato de os dois dedos terem anéis ou um deles ficar sem anel. Eis os dois modos: os dois anéis estão em um dedo ou cada dedo possui um anel.

Lembre-se que esses dois modos estão relacionados apenas à distribuição dos dois anéis pelos dedos, desconsiderando a ordenação dos anéis por cada um dos dedos por conta do fato de eles serem considerados exatamente iguais entre si.

Assim, se pode modelar este problema estabelecendo uma relação unívoca entre a quantidade de anéis em cada dedo disponível de uma mão e os valores que cada variável na equação $x_1 + x_2 = 2$ pode assumir, de modo que cada variável x_j, j = 1, 2 assume um número inteiro não negativo, que varia de 0 (zero) até o valor máximo 2 (dois).

Assim, o total de soluções em inteiros não negativos da equação $x_1 + x_2 = 2$, que é computado por $CR_2^2 = 3$, aponta o número de modos de colocar 2 anéis, exatamente iguais, em dois dedos de uma mão, inclusive, como necessário, considerar e computar as distintas possibilidades de que cada um dos dois dedos contenha os dois anéis. Eis, portanto, as 3 possibilidades de distribuição dos anéis pelos dedos:

Total de anéis do dedo 1	Total de anéis do dedo 2
2	0
0	2
1	1

Exemplo 21: De quantos modos é possível colocar 3 (três) anéis exatamente iguais em 3 (três) dedos de uma mão?

Se pode modelar este problema estabelecendo uma relação unívoca entre a quantidade de anéis em cada dedo disponível de uma mão e os valores que cada variável na equação $x_1 + x_2 + x_2 = 3$ pode assumir, de modo que cada variável x_j, j = 1, 2, 3 assume um número inteiro não negativo que varia de 0 (zero) até o valor máximo 3 (três).

Assim, o total de soluções em inteiros não negativos da equação $x_1 + x_2 + x_3 = 3$ é dado por $CR_3^3 = 10$ modos de colocar 3 anéis exatamente iguais em três dedos de uma mão, inclusive, como necessário, considerar e computar as distintas possibilidades segundo as quais cada um dos três dedos contém os três anéis. Pelo fato de os anéis serem iguais, não cabe permutá-los entre si. Eis, portanto, as 10 possibilidades de distribuição dos anéis pelos dedos:

Total de anéis do dedo 1	Total de anéis do dedo 2	Total de anéis do dedo 3
3	0	0
0	3	0
0	0	3
1	2	0
1	0	2
2	1	0
2	0	1
0	1	2
0	2	1
1	1	1

Exemplo 22: De quantos modos é possível colocar 2 (dois) anéis exatamente iguais em 3 (três) dedos de uma mão?

Se pode modelar este problema, estabelecendo uma relação unívoca entre a quantidade de anéis em cada dedo disponível de uma mão e os valores que cada variável na equação $x_1 + x_2 + x_3 = 2$ pode assumir, de modo que cada variável x_j, j = 1, 2, 3 assume um número inteiro não negativo que varia de 0 (zero) até o valor máximo 2 (dois).

Assim, o total de soluções em inteiros não negativos da equação $x_1 + x_2 + x_3 = 2$, que é dado por $CR_3^2 = 6$ modos de colocar 2 anéis exatamente iguais em três dedos de uma mão, inclusive, como necessário, considerar e computar as distintas possibilidades de cada um dos três dedos conter os dois anéis. Eis, portanto, as 6 possibilidades de distribuição dos anéis pelos dedos:

Total de anéis do dedo 1	Total de anéis do dedo 2	Total de anéis do dedo 3
2	0	0
0	2	0
0	0	2
1	1	0
1	0	1
0	1	1

Exemplo 23: De quantos modos é possível colocar 2 (dois) anéis exatamente iguais em 4 (quatro) dedos de uma mão?

Se pode modelar este problema estabelecendo uma relação unívoca entre a quantidade de anéis em cada dedo disponível de uma mão e os valores que cada variável na equação $x_1 + x_2 + x_3 + x_4 = 2$ pode assumir, de modo que cada variável x_j, j = 1, 2, 3, 4 assume um número inteiro não negativo que varia de zero até o valor máximo dois.

Assim, o total de soluções em inteiros não negativos da equação $x_1 + x_2 + x_3 + x_4 = 2$ é dado por $CR_4^2 = 10$ modos de colocar 2 anéis exatamente iguais em quatro dedos de uma mão, inclusive, como necessário, considerar e computar as distintas possibilidades de cada um dos quatro dedos conter os dois anéis. Eis, portanto, as 10 possibilidades de distribuição dos anéis pelos dedos:

Total de anéis do dedo 1	Total de anéis do dedo 2	Total de anéis do dedo 3	Total de anéis do dedo 4
2	0	0	0
0	2	0	0
0	0	2	2
0	0	0	2
1	1	0	0
1	0	1	0
1	0	0	1
0	1	1	0
0	1	0	1
0	0	1	1

Exemplo 24: De quantos modos é possível colocar 3 (três) anéis exatamente iguais em 2 (dois) dedos de uma mão?

Se pode modelar este problema estabelecendo uma relação unívoca entre a quantidade de anéis em cada dedo disponível de uma mão e os valores que cada variável na equação $x_1 + x_2 = 3$ pode assumir, de modo que cada variável x_j, j = 1, 2 assume um número inteiro não negativo que varia de 0 (zero) até o valor máximo 3 (três).

Assim, o total de soluções em inteiros não negativos da equação $x_1 + x_2 = 3$ é dado por $CR_2^3 = 4$ modos de colocar 3 anéis exatamente iguais em dois dedos de uma mão, inclusive, como necessário, considerar e computar as distintas possibilidades de cada um dos dois dedos conter os três anéis. Eis, portanto, as 4 possibilidades de distribuição dos anéis pelos dedos:

Total de anéis do dedo 1	Total de anéis do dedo 2
3	0
0	3
1	2
2	1

Exemplo 25: De quantos modos podemos distribuir três brinquedos iguais em duas caixas diferentes?

Este problema é similar ao problema de colocar 3 anéis iguais (brinquedos iguais) em dois dedos (caixas diferentes). O total de possibilidades é o mesmo que o número de soluções em inteiros não negativos da equação x + y = 3, dado por $CR_2^3 = C_{3+2-1}^3 = \frac{4!}{3!\,x\,1!}$ = 4 soluções: (0,3), (3,0), (1,2) e (2,1).

O quadro a seguir mostra o total de modos de colocar os 3 brinquedos iguais, indicados por A, em duas caixas diferentes:

Uma das caixas está sem brinquedo: (0,3) e (3,0)		Nenhuma das duas caixas está sem brinquedo: (1,2) e (2,1)	
Caixa 1	Caixa 2	Caixa 1	Caixa 2
0	3 (A, A, A)	1 (A)	2 (A, A)
3 (A, A, A)	0	2 (A, A)	1 (A)

Assim, é igual a quatro o total de modos de distribuir 3 brinquedos iguais em 2 caixas diferentes.

O leitor deve observar que anéis ou brinquedos iguais, para serem distribuídos em dedos ou caixas diferentes, se comportam da mesma maneira. O número de modos de fazer tais distribuições é o mesmo.

Exemplo 26: De quantos modos é possível colocar 4 (quatro) anéis exatamente iguais em 2 (dois) dedos de uma mão?

Se pode modelar este problema estabelecendo uma relação unívoca entre a quantidade de anéis em cada dedo de uma mão e os valores que cada variável na equação $x_1 + x_2 = 4$ pode assumir, de modo que cada variável x_j, j = 1, 2 assume um número inteiro não negativo que varia de 0 (zero) até o valor máximo 4 (quatro).

Quando os 4 (quatro) anéis são considerados exatamente iguais, será preciso computar apenas o número de maneiras de colocar (selecionar) os quatro anéis pelos dois dedos, de dois modos: os quatro anéis estão em um dedo ou cada um dos dedos possui um anel, dois anéis ou três anéis.

Esses modos estão relacionados apenas à distribuição dos quatro anéis pelos dedos, desconsiderando a ordenação dos anéis por cada um dos dedos por conta de os anéis serem considerados como exatamente iguais entre si.

Assim, o total de soluções em inteiros não negativos da equação $x_1 + x_2 = 4$, que é dado por $CR_2^4 = 5$ modos de colocar 4 anéis exatamente iguais em dois dedos de uma mão, inclusive, como necessário, considerar e computar as distintas possibilidades de que cada um dos dois dedos contenha os quatro anéis. Eis, portanto, as 5 possibilidades de distribuição dos anéis pelos dedos:

Total de anéis no dedo 1	Total de anéis no dedo 2
4	0
0	4
3	1
1	3
2	2

Exemplo 27: De quantas maneiras 5 (cinco) objetos exatamente iguais podem ser pintados com 3 (três) cores diferentes?

É possível modelar este problema por meio da obtenção do total de soluções em inteiros não negativos da equação $x_1 + x_2 + x_3 = 5$, determinado por $CR_3^5 = C_{5+3-1}^4 = \frac{7!}{4! x\ 3!} = 21$ maneiras distintas possíveis de pintar os 5 (cinco) objetos. Isso corresponde ao total de tomadas de decisões quanto à quantidade de vezes em que cada cor vai ser utilizada, para efetuar igual quantidade de pinturas dos objetos. Considere as cores B, V e A, nessa ordem.

Assim, por exemplo, quando se considera a solução (2,2,1) para a equação $x_1 + x_2 + x_3 = 5$, se sabe exatamente o que deve ser feito em relação às pinturas dos objetos (considerando que todos os objetos são idênticos): uma primeira cor deve ser usada para pintar dois objetos; uma segunda cor deve ser usada para pintar outros dois objetos, e a cor restante deve ser usada para pintar um objeto. Observe que falamos que uma cor deve ser usada, o que não implica que tenhamos que impor uma ordenação às pinturas dos objetos. Por outro lado, quando se considera a solução (5,0,0), se sabe que todos os objetos devem ser pintados com o uso de uma primeira cor, diferentemente da solução (0,5,0), em que todos os objetos devem ser pintados com o uso de uma segunda cor.

Eis todas as maneiras que há para pintar os 5 (cinco) objetos:

- Todos os objetos são pintados com a mesma cor. Há 3 maneiras de escolher a cor que vai pintar todos os objetos iguais, quais sejam: B, B, B, B, B; V, V, V, V, V; A, A, A, A, A;
- Quatro objetos são pintados com a mesma cor e o outro objeto pintado de outra cor. Há 3 (modos de escolher a primeira cor, independente do fato de ter de pintar os quatro objetos ou um único objeto, de início) x 2 (modos de escolher a segunda cor) = 6 maneiras distintas em que tal pode ser feito, a saber: B, B, B, B, A; V, V, V, V, B; A, A, A, A, V; B, B, B, B, V; V, V, V, V, A; A, A, A, A, B;
- Três objetos pintados com a mesma cor e os outros dois objetos pintados de cores diferentes entre si. Há 3 (modos de escolher a primeira cor) x 1 (único modo, pois as duas cores restantes vão ser usadas, e há dois objetos idênticos a pintar) = 3 maneiras distintas em que tal pode ser feito, a saber: B, B, B, A, V; V, V, V, A, B; A, A, A, V, B;
- Três objetos pintados com a mesma cor e os outros dois objetos pintados com a mesma cor. Há 3 (modos de escolher a primeira cor, independente do fato de ter de pintar os três objetos ou dois objetos, de início) x 2 (modos de escolher a segunda cor) = 6 maneiras distintas em que tal pode ser feito, a saber: B, B, B, A, A; B, B, B, V, V; V, V, V, A, A; V, V, V, B, B; A, A, A, B, B; A, A, A, V, V;
- Dois objetos pintados com a primeira cor, outros dois objetos pintados de mesma cor, mas de cor diferente da anterior, e um objeto pintado com a cor restante. Há 3 (modos de escolher a primeira cor) x 1 (escolher a cor que vai pintar dois objetos ou apenas um objeto x 1 (a cor restante, para pintar dois objetos ou apenas um objeto, dependendo da escolha anterior) = 3 maneiras distintas em que tal pode ser feito, a saber: B, B, A, A, V; V, V, A, A, V; V, V, B, B, A.

Assim, há 3 + 6 + 3 + 6 + 3 = 21 modos de fazer as pinturas.

Exemplo 28: De quantos modos podemos distribuir cinco brinquedos iguais em duas caixas diferentes?

Este problema é similar ao problema de colocar 5 anéis iguais (brinquedos iguais) em dois dedos (caixas diferentes). O total de possibilidades é o mesmo que o número de soluções em inteiros não negativos da equação x + y = 5, dado por $CR_2^5 = C_{5+2-1}^5 = \frac{6!}{5!\,x\,1!} = 6$ soluções: (0,5), (5,0), (1,4), (4,1), (2,3) e (3,2).

O quadro a seguir mostra o total de modos de colocar os 5 brinquedos iguais, indicados pela letra A, em duas caixas diferentes:

<table>
<tr><td>Uma das caixas está sem brinquedo: (0,5) e (5,0)</td><td>Nenhuma das duas caixas está sem brinquedo: (1,4), (4,1), (2,3) e (3,2)</td></tr>
<tr><td>
<table>
<tr><td>Caixa 1</td><td>Caixa 2</td></tr>
<tr><td>0</td><td>5
A,A,A,A,A</td></tr>
<tr><td>5
A,A,A,A,A</td><td>0</td></tr>
</table>
</td><td>
<table>
<tr><td>Caixa 1</td><td>Caixa 2</td></tr>
<tr><td>1
A</td><td>4
A,A,A,A</td></tr>
<tr><td>4
A,A,A,A</td><td>1
A</td></tr>
<tr><td>2
A, A</td><td>3
A,A,A</td></tr>
<tr><td>3
A,A,A</td><td>2
A,A</td></tr>
</table>
</td></tr>
</table>

Total de modos de distribuir 5 brinquedos iguais em duas caixas diferentes: 6.

Exemplo 29: De quantos modos podemos distribuir cinco brinquedos iguais em três caixas diferentes?

Ora, para distribuir brinquedos iguais por caixas diferentes, devemos considerar as possibilidades extremas: uma caixa qualquer tem capacidade para conter todos os cinco brinquedos bem como o fato de que uma ou mais caixas, mas não todas, pode ficar vazia, sem brinquedo algum.

O total de possibilidades é o mesmo que o número de soluções em inteiros não negativos da equação x + y + z = 5, dado por $CR_3^5 = C_{5+3-1}^5 = \frac{7!}{5!\,x\,2!} = 21$ soluções.

O quadro, a seguir, mostra o total de modos de colocar os cinco brinquedos iguais, indicados pela letra A, em duas caixas diferentes:

Caixa 1	Caixa 2	Caixa 3	Subtotal
A, A, A, A, A	vazia	vazia	(5,0,0)
vazia	A, A, A, A, A	vazia	(0,5,0)
vazia	vazia	A, A, A, A, A	(0,0,5)
			3 x C5,5 = 3
A, A, A, A	A	vazia	(4,1,0), (4,0,1), (0,4,1)
vazia	A	A, A, A, A	(0,1,4), (1,0,4), (1,4,0)
A, A, A, A, A	vazia	vazia	(2,3,0), (2,0,3), (0,2,3)
vazia	A, A, A, A, A	vazia	(0,3,2), (3,0,2), (3,2,0)
			2 x P3 = 2 x 6 = 12
A, A, A	A	A	(3,1,1), (1,3,1), (1,1,3)
A	A	A, A, A	
A, A	A, A	A	(1,2,2), (2,1,2), (2,2,1)
A	A, A	A, A	
			2 x P3,2 = 2 x 3 = 6

Total: 3 + 12 + 6 = 21

Total de modos de distribuir 5 brinquedos iguais em 3 caixas diferentes: $C_{3,2}\ x\ 1$ (escolha de duas caixas vazias) + $C_{3,1}\ \ x\ 2\ x\ P_2$ (escolha de uma caixa vazia) + $C_{3,0}\ \ x\ P_3$ (nenhuma caixa fica vazia) = 21 modos de distribuir.

> Exemplo 30: De quantos modos podemos distribuir oito brinquedos iguais em cinco caixas diferentes?

Ora, para distribuir brinquedos iguais por caixas diferentes devemos considerar as possibilidades extremas: uma caixa qualquer tem capacidade para conter todos os oito brinquedos, bem como o fato de que uma ou mais caixas, mas não todas, pode ficar sem brinquedo algum.

Assim, este problema é similar ao problema de colocar 8 anéis iguais (brinquedos iguais) em cinco dedos (caixas diferentes). O total de possibilidades é o mesmo que o número de soluções em inteiros não negativos da equação x + y + z + w + t = 8, dado por $CR_5^8 = C_{8+5-1}^8 = \frac{12!}{8!\ x\ 4!} = 495$ soluções.

O quadro a seguir mostra o total de modos de colocar os 8 brinquedos iguais, indicados pela letra A, em cinco caixas diferentes:

Caixa 1	Caixa 2	Caixa 3	Caixa 4	Caixa 5	Arrumações
vazia	A, A, A,A,A	A	A	A	Subtotal: C5,1 x (P4/3!) = 20
vazia	A, A, A,A	A,A	A	A	Subtotal: C5,1 x (P4/2!) = 60
vazia	A, A, A	A, A, A	A	A	Subtotal: C5,1 x (P4/2! X 2!) = 30
vazia	A, A, A	A,A	A,A	A	Subtotal: C5,1 x (P4/2!) = 60
vazia	A, A	A,A	A,A	A,A	Subtotal: C5,1 x (P4/4!) = 5
vazia	vazia	A.A.A.A.A.A	A	A	Subtotal: C5,2 x (P3/2!) = 30
vazia	vazia	A,A,A,A,A	A,A	A	Subtotal: C5,2 x (P3) = 60
vazia	vazia	A, A, A,A	A,A,A	A	Subtotal: C5,2 x (P3) = 60
vazia	vazia	A,A,A,A	A,A	A,A	Subtotal: C5,2 x (P3/2!) = 30
vazia	vazia	A,A,A	A,A,A	A,A	Subtotal: C5,2 x (P3/2!) = 30
vazia	vazia	vazia	A,A,A,A,A,A,A	A	Subtotal: C5,3 x (P2) = 20
vazia	vazia	vazia	A,A,A,A,A,A	A,A	Subtotal: C5,3 x (P2) = 20
vazia	vazia	vazia	A,A,A,A,A	A,A,A	Subtotal: C5,3 x (P2) = 20
vazia	vazia	vazia	A,A,A,A	A,A,A,A	Subtotal: C5,3 x (P2/2!) = 10
vazia	vazia	vazia	vazia	A,A,A,A,A,A,A,A	Subtotal: C5,4 = 5
A	A	A	A	A,A,A,A	Subtotal: C5,4 = 5
A	A	A	A,A,A	A,A	Subtotal: C5,3 X P2 = 20
A	A	A	A,A	A,A	Subtotal: C5,3 = 10
				Total:	495 arrumações.

Assim, 495 é o total de modos de distribuir 8 brinquedos iguais em 5 caixas diferentes.

Ademais, o leitor pode perceber que esse problema é similar ao de colocar oito anéis iguais em cinco dedos de uma mão (todos os dedos são diferentes entre si), pelo ato de colocar os brinquedos em caixas distintas - uma vez que não se deve considerar as possíveis arrumações entre os brinquedos no interior da caixa visto que todos eles são iguais entre si.

Assim, uma vez que os oito brinquedos são considerados exatamente iguais será preciso computar apenas o número de maneiras de colocar os oito brinquedos pelas cinco caixas. Há $CR_5^8 = C_{8+5-1}^8 = \frac{12!}{8!\,x\,4!} = 495$ modos de colocar oito brinquedos exatamente iguais em cinco caixas diferentes.

Com os exemplos anteriores, foram resolvidos problemas em que a quantidade de anéis (objetos) é menor, igual ou maior que o quantitativo de dedos (caixas) disponíveis. Porém, é possível que o leitor tenha constatado que os procedimentos de resolução foram os mesmos, uma vez que se considere todos os anéis exatamente iguais entre si.

Com a exploração dos exemplos acima se pode, agora, considerar o caso geral de distribuição de ***m*** anéis (objetos, brinquedos etc.) exatamente iguais em ***p*** dedos (caixas, espaços etc.), considerando, a priori, que cada um dos ***p*** dedos (caixas, espaços etc.) pode conter todos os ***m*** anéis (objetos, brinquedos etc.). Tal pode ser feito, por meio da modelagem da situação tal qual o cômputo de soluções em inteiros não negativos da equação $x_1 + x_2 + \ldots\ldots + x_p = m$, ou seja, de CR_p^m modos distintos.

Nos problemas a seguir vamos considerar anéis (objetos, brinquedos, etc.) distintos para serem colocados em dedos (caixas, espaços, etc.). Porém, ressalte-se, no caso dos anéis se deve considerar as distintas arrumações deles pelos dedos ou em um mesmo dedo - situação que não será levada em conta quando se tratar de objetos e brinquedos pois estes simplesmente serão colocados em caixas ou espaços.

Exemplo 31: De quantos modos é possível colocar 2 (dois) anéis diferentes em 2 (dois) dedos de uma mão?

Quando da leitura do enunciado deste tipo de problema questões importantes devem ser levadas em conta, as quais se referem aos seguintes aspectos:

- ✓ Interpretar o verbo colocar;
- ✓ Levar em conta o fato de todos os anéis serem diferentes entre si;
- ✓ Levar em conta o fato de dedos serem distintos entre si, como de fato o são;

✓ Levar em conta as possibilidades de um dos dedos ficar sem anel (equivalente ao fato de todos os anéis considerados serem colocados em um só dedo ou não, despendendo da quantidade de dedos disponíveis para receber os anéis. Neste problema, levar em conta de eles serem colocados em um dedo e o outro dedo ficar vazio);

✓ Pelo fato de os anéis serem diferentes entre si cabe considerar ordenações distintas de anéis entre si, pelo mesmo dedo ou não.

Assim, o verbo colocar é considerado sinônimo do verbo distribuir em relação à ação de distribuição dos dois anéis pelos dois dedos de uma mão.

Se pode modelar este problema estabelecendo uma relação unívoca entre a quantidade de anéis em cada dedo de uma mão e os valores que cada variável na equação $x_1 + x_2 = 2$ pode assumir, de modo que cada variável x_j, j = 1, 2 pode assumir um número inteiro não negativo que varia de 0 (zero) até o valor máximo 2 (dois). Assim, em cada um dos dois dedos da mão podem ser colocados 2 anéis, um anel ou não ser colocado anel algum.

Por outro lado, para cada colocação dos dois anéis em um dedo se deve levar em conta que os dois anéis são diferentes entre si, e então, a colocação dos anéis A e B em um dedo, por exemplo, pode ocorrer de duas maneiras distintas: A antes de B ou B antes de A.

Logo, além de levar em conta a distribuição dos anéis pelos dedos devem ser consideradas as ordenações dos anéis em cada dedo. Então, a colocação de mais de um anel em um mesmo dedo deve ser considerada de maneiras distintas. Isto é, se deve considerar o total de permutações simples no universo do quantitativo de distintos anéis.

O total de soluções em inteiros não negativos da equação $x_1 + x_2 = 2$ é computado por $CR_2^2 = C_{2+2-1}^2 = \frac{3!}{2! x\, 1!} = 3$.

Para cada maneira de distribuir os 2 anéis pelos dedos, há um total de $P_2 = 2!$ modos de arrumar (ordenar, colocar) os dois anéis por cada dedo que recebe os dois anéis ou quando arrumados pelos dois dedos.

Portanto, pelo princípio multiplicativo, há $CR_2^2 \; x \; P_2 = 3 \; x \; 2! = 6$ modos de colocar 2 (dois) anéis diferentes em dois dedos de uma mão.

Inclusive, como assim deve ser, se deve considerar a possibilidade de que qualquer um dos dois dedos contenha os dois anéis. Levando em conta essa última afirmação, outra resolução para este problema pode ser explorada considerando as seguintes possibilidades: um dos dois dedos tem pelo menos um anel (não há dedos sem anel) e um dos dedos contém os dois anéis (um dos dedos está vazio, sem anel algum), como a seguir:

1. Os dois dedos têm pelo menos um anel (não há dedos sem anel):

O total de soluções em inteiros positivos da equação $x_1 + x_2 = 2$ é determinado por:

$x_1 + x_2 = 2$, $x_j > 0$, $x_j \geq 1$, $x_j - 1 \geq 0$,

$x_1 - 1 + x_2 - 1 = 2 - 1 - 1 = 0$, $y_1 = x_1 - 1$, $y_2 = x_2 - 1$;

$y_1 + y_2 = 0$, $y_1 \geq 0$, $y_2 \geq 0$.

Ou seja, o total de soluções em inteiros positivos da equação $x_1 + x_2 = 2$ é a mesma quantidade de soluções em inteiros não negativos da equação $y_1 + y_2 = 0$. Esse total é computado por $CR_2^0 = C_{0+2-1}^0 = \frac{1!}{0! x\ 1!} = 1$ modo.

Assim, os dois anéis podem ser distribuídos, e ordenados pelos dois dedos, nestas duas únicas maneiras: (A, B) e (B, A).

y1	y2
1	1

1 x P2 = 1 x 2 = 2 possibilidades.

2. Exatamente um dos dois dedos não tem anel algum (um dos dedos está vazio, sem anel algum):

O total de soluções em inteiros positivos da equação $x_1 + x_2 = 2$ é determinado por:

$\sum_{j=1}^{2} x_j = 2$, $x_1 > 0$, $x_2 > 0$, $x_j \geq 1$, $x_j - 1 \geq 0$, $y_j = x_j - 1 \geq 0$

$\sum_{j=1}^{2} y_j = 2$, $y_j = x_j - 1 \geq 0$

Este total é computado por $2\ x\ CR_1^2 = 2\ x\ C_{1+2-1}^2 = 2\ x\ \frac{2!}{2! x\ 0!} = 2\ x\ 1 = 2$.

Para cada maneira de distribuir os 2 anéis por cada um dos dois dedos, há um total de $P_2 = 2!$ modos de arrumar os anéis por cada dedo que é selecionado, por vez. Logo, os dois anéis podem ser distribuídos assim:

y1	y2
2	0
0	2

2 x P2 = 2 x 2 = 4 possibilidades.

Portanto, aplicando o princípio aditivo às duas possibilidades indicadas acima, há um total de 2 + 4 = 6 modos de colocar (distribuir) 2 anéis diferentes por entre dois dedos de uma mão. Inclusive, como assim deve ser, considerar a possibilidade de que qualquer um dos dois dedos possa conter os dois anéis.

Exemplo 32: De quantos modos é possível colocar 3 (três) anéis diferentes em 3 (três) dedos de uma mão?

Se pode modelar este problema estabelecendo uma relação unívoca entre a quantidade de anéis em cada dedo de uma mão e os valores que cada variável na equação $x_1 + x_2 + x_3 = 3$ pode assumir, de modo que cada variável x_j, j = 1, 2,3 assume um número inteiro não negativo que varia de zero até o valor máximo três. Assim, em cada um dos três dedos da mão podem ser colocados os 3 anéis, 2 anéis,1 anel ou não ser colocado anel algum.

Por outro lado, para cada colocação dos três anéis distintos em um dedo, se deve levar em conta que os três anéis são diferentes entre si. Portanto, a colocação dos anéis A, B e C em um dedo pode ocorrer de P_3 = 6 (seis) maneiras distintas. Assim, além de considerar as distintas ordenações dos anéis quando colocados em cada um dos dedos, será preciso levar em conta as distintas possibilidades de ordenações dos anéis quando eles estiverem colocados em mais de um dedo, via o conceito de permutações simples de 3 anéis distintos entre si.

O total de soluções em inteiros não negativos da equação $x_1 + x_2 + x_3 = 3$ é computado por $CR_3^3 = C_{3+3-1}^3 = \frac{5!}{3! x\, 2!} = 10$. Para cada maneira de distribuir os 3 anéis pelos dedos há um total de $P_3 = 3!$ modos de ordenar (arrumar, embaralhar, considerar) os três anéis pelo dedo selecionado ou por cada dois dos três dedos que contenham ao menos um anel cada ou pelos três dedos, cada um contendo um anel.

Portanto, aplicando o princípio multiplicativo, há $CR_3^3\ x\ P_3 = 10\ x\ 3! =\ 60$ modos de colocar 3 anéis diferentes em três dedos de uma mão. Inclusive, como assim deve ser, considerar a possibilidade de qualquer um dos dois dedos conter os dois anéis.

Exemplo 33: De quantos modos é possível colocar 2 anéis diferentes em três dedos de uma mão?

Se pode modelar este problema estabelecendo uma relação unívoca entre a quantidade de anéis em cada dedo de uma mão e os valores que cada variável na equação $x_1 + x_2 + x_3 = 2$ pode assumir, de modo que cada variável x_j, j = 1, 2, 3 assume um número inteiro não negativo que varia de 0 (zero) até o valor máximo 2 (dois). Assim, em cada um dos dois dedos da mão podem ser colocados 2 anéis, 1 anel ou não ser colocado anel algum.

Por outro lado, para cada colocação dos dois anéis em um dedo se deve levar em conta que os dois anéis são diferentes entre si. Portanto, a colocação dos anéis A e B em um dedo, por exemplo, pode ocorrer de duas maneiras distintas: A antes de B ou B antes de A.

Assim, será preciso considerar as ordenações dos dois anéis em um mesmo dedo e, também, a ordenação dos anéis entre si quando da colocação de um anel em um dedo e o outro anel em outro dedo de maneiras distintas, segundo o quantitativo de permutações simples entre os dois anéis.

O total de soluções em inteiros não negativos da equação $x_1 + x_2 + x_3 = 2$ é computado por $CR_3^2 = C_{3+2-1}^2 = \frac{4!}{2! x\, 2!} = 6.$

Para cada maneira de distribuir os 2 (dois) anéis pelos dedos há um total de $P_2 = 2!$ modos de ordenar (arrumar, embaralhar, considerar) os dois anéis em cada dedo considerado tendo os dois anéis, ou por cada dois dos três dedos, quando estes contiverem um anel em cada.

Portanto, aplicando o princípio multiplicativo, há $CR_3^2\, x\, P_2 = 6\, x\, 2! = \; 12$ modos de colocar 2 (dois) anéis diferentes em três dedos de uma mão. Inclusive, como assim deve ser, considerar a possibilidade de qualquer um dos dois dedos conter os dois anéis.

Exemplo 34: De quantos modos é possível colocar 2 (dois) anéis diferentes em 4 (quatro) dedos de uma mão?

Se pode modelar este problema estabelecendo uma relação unívoca entre a quantidade de anéis em cada dedo de uma mão e os valores que cada variável na equação $x_1 + x_2 + x_3 + x_4 = 2$ pode assumir, de modo que cada variável x_j, j = 1, 2, 3,4 assume um número inteiro não negativo que varia de zero até o valor máximo dois.

Assim, em cada um dos dois dedos da mão podem ser colocados 2 anéis, um anel ou não ser colocado anel algum.

Por outro lado, para cada colocação dos dois anéis em um dedo se deve levar em conta que os dois anéis são diferentes entre si. Portanto, a colocação dos anéis A e B em um dedo pode ocorrer de duas maneiras distintas: A antes de B ou B antes de A.

Assim, devem ser consideradas as ordenações dos dois anéis em cada um dos dedos, bem como as ordenações quando os dois anéis são colocados um a um em cada dedo, configurando maneiras distintas de ordenações, que são computadas via o conceito de permutações simples dos dois anéis distintos entre si.

O total de soluções em inteiros não negativos da equação $x_1 + x_2 + x_3 + x_4 = 2$ é computado por $CR_4^2 = C_{4+2-1}^2 = \frac{5!}{3!x\,2!} = 10$. Para cada maneira de distribuir os dois anéis pelos dedos há um total de $P_2 = 2!$ modos de ordenar (arrumar, embaralhar, considerar) os dois anéis pelo dedo selecionado, ou por cada dois dos quatro dedos que contenha, cada um, um anel.

Portanto, aplicando o princípio multiplicativo, há $CR_4^2\ x\ P_2 = 10\ x\ 2! = 20$ modos de colocar 2 anéis diferentes em quatro dedos de uma mão. Inclusive, como assim deve ser, considerar a possibilidade de qualquer um dos dois dedos conter os dois anéis.

Exemplo 35: De quantos modos é possível colocar 3 (três) anéis diferentes em 2 (dois) dedos de uma mão?

Se pode modelar este problema estabelecendo uma relação unívoca entre a quantidade de anéis em cada dedo de uma mão e os valores que cada variável na equação $x_1 + x_2 = 3$ pode assumir, de modo que cada variável x_j, j = 1, 2 assume um número inteiro não negativo que varia de zero até o valor máximo três. Assim, em cada um dos dois dedos da mão podem ser colocados os 3 anéis, 2 anéis, um anel ou não ser colocado anel algum.

Por outro lado, para cada colocação de mais de um anel em um dedo (ou os anéis distribuídos pelos dois dedos) se deve levar em conta que os anéis são diferentes entre si, e portanto, a colocação dos anéis A, B e C em um dedo, por exemplo, pode ocorrer de P_3 = 6 (seis) maneiras distintas.

Assim, devem ser consideradas as distintas ordenações dos anéis em cada dedo como também a colocação de dois anéis em um dedo e o anel restante em outro dedo via o conceito de permutações simples, aplicado ao caso de 3 anéis distintos entre si.

O total de soluções em inteiros não negativos da equação $x_1 + x_2 = 3$ é computado por $CR_2^3 = C_{3+2-1}^3 = \frac{4!}{3!x\,1!} = 4$. Para cada maneira de distribuir os 3 anéis pelos dedos há um total de $P_3 = 3!$ modos de ordenar (arrumar, embaralhar, considerar) os três anéis pelo dedo selecionado ou por cada um dos dois dedos que contenha, cada um, ao menos um anel.

Portanto, aplicando o princípio multiplicativo, há $CR_2^3\ x\ P_3 = 4\ x\ 3! = 24$ modos de colocar três anéis diferentes em dois dedos de uma mão. Inclusive, como assim deve ser, considerar a possibilidade de qualquer um dos dois dedos conter os dois anéis.

Dedo 1	Dedo 2	
A,B,C	VAZIO	
VAZIO	A,B,C	2 x 3! = 12
A,B	C	
A,C	B	
B,C	A	
C	A,B	
B	A,C	
A	B,C	6 x 2! = 12
	Total:	24

Assim, no caso de considerar a arrumação de 3 anéis diferentes em dois dedos de uma mão, se pode proceder assim: 2 (cada um dos dois dedos com os três anéis) x 3! (Total de arrumações dos 3 anéis em cada um dos dedos) + 6 (maneiras de colocar os 3 anéis distintos nos 2 dedos, o primeiro dedo com um anel, há 3 possibilidades + o segundo dedo com um anel, há 3 possibilidades) x 2! (Total de arrumações de 2 anéis em cada dedo) = 12 + 12 = 24 possibilidades de arrumar 3 anéis distintos em 2 dedos de uma mão.

Exemplo 36: De quantos modos podemos distribuir três brinquedos diferentes em duas caixas diferentes?

Ao resolver este problema, utilizando o conceito de combinações completas devemos considerar a quantidade de soluções em inteiros não negativos da equação x + y = 3, mas não apenas esse total, por conta de as caixas serem diferentes entre si. O total de soluções em inteiros não negativos da equação x + y = 3 é dado por $CR_2^3 = C_{3+2-1}^3 = \frac{4!}{3!\,x\,1!} = 4$ soluções, a saber: (0,3), (3,0), (1,2) e (2,1).

Colocar os brinquedos A e B na caixa 1 e o brinquedo C na caixa 2, por exemplo, é uma possibilidade distinta da possibilidade de colocar os brinquedos A e C na caixa 1 e o brinquedo B na caixa 2. Por sua vez, essas duas possibilidades são distintas da possibilidade de colocar os brinquedos B e C na caixa 1 e o brinquedo A na caixa 2 - embora todas essas possibilidades estejam contempladas na mesma solução (2,1), da equação x + y = 3.

O quadro, a seguir, mostra o total de modos de colocar os 3 brinquedos diferentes em duas caixas diferentes:

Uma das caixas está sem brinquedo		Nenhuma das duas caixas está sem brinquedo	
Caixa 1	Caixa 2	Caixa 1	Caixa 2
0	3	1	2
3	0	2	1

Caixa 1	Caixa 2	Subtotal
A,B,C	VAZIO	(0, 3)
VAZIO	A,B,C	(3, 0)
		2 x C3,3 = 2
A,B	C	(2, 1)
A,C	B	
B,C	A	
C	A,B	(1, 2)
B	A,C	2 x C3,1 = 2 x C3,2 = 2 x 3 = 6
A	B,C	
	Total:	8 modos de distribuir

Este problema é similar ao seguinte problema: Uma pessoa quer distribuir 3 brinquedos diferentes, e elege duas pessoas para tal. Para tal, ela leva em consideração a possibilidade de que uma delas não receba brinquedo algum. Procede-se assim nesse caso: com o primeiro brinquedo em mãos, há duas possibilidades de distribuí-lo para uma das duas pessoas; com o segundo brinquedo em mãos, há duas possibilidades de distribuí-lo para uma das duas pessoas e, com o terceiro brinquedo em mãos há duas possibilidades de distribuí-lo para uma das duas pessoas. Pelo princípio multiplicativo, há 2 x 2 x 2 = 8 possibilidades de distribuir os brinquedos (equivalente à aplicar o conceito de arranjos com repetição de 3 objetos distintos tomados de dois em dois).

O leitor deve atentar para o fato de terem sido consideradas todas as possibilidades de entrega dos brinquedos às pessoas (ou pessoa), não se considerando qualquer tipo de ordenação (arrumação) entre os brinquedos.

Portanto, chamamos a atenção do leitor para o fato de que esse problema é parecido, mas não igual ao problema de colocação de 3 anéis (brinquedos) distintos em dois dedos de uma mão (caixas). Apenas guarda semelhança pela quantidade de possibilidades de colocar os anéis pelos dedos, mas não considera a ordenação/arrumação dos anéis pelos respectivos dedos.

Por conta disso, convidamos o leitor a comparar, atentamente, as resoluções dos problemas 35 e 36, identificando semelhanças e diferenças entre elas.

Exemplo 37: De quantos modos é possível colocar 4 (quatro) anéis diferentes em 2 (dois) dedos de uma mão?

Se pode modelar este problema estabelecendo uma relação unívoca entre a quantidade de anéis em cada dedo de uma mão e os valores que cada variável na equação $x_1 + x_2 = 4$ pode assumir, de modo que cada variável x_j, j = 1, 2 assume um número inteiro não negativo que varia de zero até o valor máximo quatro.

Assim, em cada um dos dois dedos da mão podem ser colocados os 4 anéis, 3 anéis, 2 anéis, 1 anel ou não ser colocado anel algum.

Por outro lado, para cada colocação dos 4 anéis em um dedo se deve levar em conta que os 4 anéis são diferentes entre si. Portanto, a ordenação dos anéis A, B, C e D entre si, em um mesmo dedo ou não pode ocorrer de P_4 = 24 maneiras distintas.

Assim, devem ser consideradas não apenas as ordenações dos anéis em cada um dos dedos disponíveis mas, também, as ordenações entre os anéis quando eles estão distribuídos em mais de um dedo. Tal pode ser feito se considerarmos o conceito permutações simples aos 4 anéis distintos - independente da maneira como os anéis são distribuídos pelos dedos para todas as maneiras que podem ser consideradas em cada um dos casos.

O total de soluções em inteiros não negativos da equação $x_1 + x_2 = 4$ é determinado por $CR_2^4 = C_{4+2-1}^4 = \frac{5!}{4! x\ 1!} = 5$.

Para cada maneira de distribuir os 4 anéis pelos dedos há um total de $P_4 = 4!$ = 24 modos de arrumar os 4 anéis pelo dedo selecionado ou pelos dois dedos.

Portanto, aplicando o princípio multiplicativo, há $CR_2^4\ x\ P_4 = 5\ x\ 4! = 120$ modos de colocar 4 anéis diferentes em dois dedos de uma mão. Inclusive, como assim deve ser, considerar a possibilidade de qualquer um dos dois dedos conter os dois anéis.

Até aqui, foram resolvidos problemas em que a quantidade de anéis era menor, igual ou maior que o quantitativo de dedos disponíveis para a colocação dos respectivos anéis. Porém, independentemente de cada situação ocorrer, todos os procedimentos de resolução foram sempre os mesmos.

Assim, com a exploração de todos os exemplos acima, é possível considerar o caso geral:
m anéis diferentes podem ser colocados em ***p*** dedos, considerando que cada um dos ***p*** dedos pode comportar os ***m*** anéis. Assim, há $CR_p^m \; x \; P_m = CR_p^m \; x \; m!$ modos distintos de fazer a distribuição de **m** anéis distintos por **p** dedos.
m objetos, brinquedos diferentes podem ser colocados em ***p*** caixas, compartimentos, lugares, etc., considerando que cada uma das ***p*** caixas, compartimentos, lugares pode comportar os ***m*** objetos, brinquedos, etc. Assim, há CR_p^m modos distintos de fazer a distribuição de **m** objetos, brinquedos distintos por **p** caixas, compartimentos, lugares, etc.

Respectivamente, para o caso de os anéis serem diferentes há $CR_p^m \; x \; P_m = CR_p^m \; x \; m!$ modos distintos, e para o caso de os anéis serem iguais há CR_p^m modos distintos como as distribuições podem ser feitas.

Respectivamente para o caso de os objetos, brinquedos, etc. serem diferentes entre si, há $CR_p^m \; x \; P_m = CR_p^m \; x \; m!$ modos distintos e, para o caso de os objetos, brinquedos, etc. serem iguais, há CR_p^m modos distintos como as distribuições podem ser feitas.

Assim, os casos de distribuição de objetos, brinquedos, etc. em compartimentos distintos simplesmente requereram a aplicação de uma das duas fórmulas acima, para cada caso.

Finalizando, foram explorados problemas com anéis iguais e com anéis distintos para serem colocados em dedos (como se sabe, dedos são distintos).

Pelo fato de os dedos serem distintos entre si não cabe considerar a distribuição de anéis por "dedos iguais", pois estes não existem. Mas, apesar disso, vamos explorar o caso de distribuir objetos ou brinquedos (iguais ou distintos) por caixas ou espaços iguais, como a seguir.

Exemplo 38: De quantos modos podemos distribuir cinco brinquedos distintos em duas caixas diferentes?

Se pode modelar o problema estabelecendo uma relação unívoca entre a quantidade de brinquedos que serão colocados em cada caixa j, para j = 1,2, e os valores que cada variável xj na equação $x_1 + x_2 = 5$ pode assumir, de modo que cada variável assume um número inteiro não negativo que varia de zero até o valor máximo cinco, mas será preciso avaliar o total de possibilidades dos brinquedos a serem colocados nas respectivas caixas.

O total de soluções em inteiros não negativos da equação $x_1 + x_2 = 5$, tal que xj é a quantidade de brinquedos na caixa j, para j = 1,2 é determinado por $CR_2^5 = C_{5+2-1}^5 = \frac{6!}{5!x\ 1!} =$ 6 soluções: (5,0), (0,5), (1,5), (5,1), (2,3) e (3,2). Mas, essa contagem está a menor, se considerarmos as arrumações de 5 brinquedos diferentes em 2 caixas diferentes. Assim, a análise deve levar em conta o comportamento dos conteúdos das caixas, como a seguir:

uma caixa fica sem brinquedos	**nenhuma caixa fica sem brinquedos**
0 e 5	1 e 4
5 e 0	4 e 1
	2 e 3
	3 e 2

O total de modos que há para distribuir 5 brinquedos diferentes em 2 caixas diferentes pode ser obtido com base nos dados da tabela acima: $P_2\, x\, [C_{5,5} + C_{5,4} + C_{5,3}] = 32.$

O quadro a seguir mostra as possibilidades de distribuição dos brinquedos pelas duas caixas:

Caixa 1	**Caixa 2**
A, B, C, D, E	vazia
vazia	A, B, C, D, E

Caixa 1	**Caixa 2**
A	B,C,D,E
B	A,C,D,E
C	A,B,D,E
D	A.B.C.E
E	A,B,C,D
B,C,D,E	A
A,C,D,E	B
A,B,D,E	C
A.B.C.E	D
A,B,C,D	E

Caixa 1	**Caixa 2**
A,B	C,D,E
A,C	B,D,E
A,D	B,C,E
A,E	B,C,D
B,C	A,D,E
B,D	A,C,E
B,E	A,C,D
C,D	A,B,E
C,E	A,B,D
D,E	A,B,C

Caixa 1	**Caixa 2**
C,D,E	A,B
B,D,E	A,C
B,C,E	A,D
B,C,D	A,E
A,D,E	B,C
A,C,E	B,D
A,C,D	B,E
A,B,E	C,D
A,B,D	C,E
A,B,C	D,E

O total de modos de distribuir os brinquedos é de:

(5,0) e (0,5)
Subtotal: P2 x C5,5 = 2
(4,1), (1,4), (2,3) e (3,2)
Subtotal: P2 x C5,1 + P2 x C5,2 = 2 x 5 + 2 x 10= 30 modos de distribuir.
Total: 2 + 30 = 32 possibilidades.

Considerando o fato de os brinquedos serem diferentes e serem distribuídos por caixas distintas, o total de modos de distribuir os brinquedos pode ser obtido via o conceito de arranjos com repetição. Assim: AR_2^5 = 2 X 2 X 2 x 2 x 2 = 32. Observe a semelhança com o problema de uma pessoa que distribui 5 brinquedos quando elege duas possíveis pessoas para recebê-los.

Apenas para situar o leitor em relação ao total de possibilidades de colocar 5 anéis distintos em dois dedos da mão o total é de: $P_5\ x\ 32 = 3840$ colocações distintas, uma vez que neste caso se leva em conta as ordenações dos anéis entre si pelos dedos, fato que não ocorre com os brinquedos e as caixas.

Exemplo 39: De quantos modos podemos distribuir cinco brinquedos distintos em três caixas diferentes?

Se pode modelar o problema estabelecendo uma relação unívoca entre a quantidade de brinquedos que serão colocados em cada caixa j, para j = 1,2,3 e os valores que cada variável xj na equação $x_1 + x_2 + x_3 = 5$ pode assumir, de modo que cada variável assume um número inteiro não negativo que varia de zero até o valor máximo cinco, mas será preciso avaliar o total de possibilidades dos brinquedos a serem colocados nas respectivas caixas.

O total de soluções em inteiros não negativos da equação $x_1 + x_2 + x_2 = 5$, tal que xj é a quantidade de brinquedos na caixa j, para j = 1,2,3 é determinado por $CR_3^5 = C_{5+3-1}^5 = \frac{7!}{5!x\ 2!} =$ 21 soluções. Mas, essa contagem está menor pois deve-se considerar as arrumações de 5 brinquedos diferentes em 3 caixas diferentes. Assim, a análise deve levar em conta o comportamento dos conteúdos das caixas, como a seguir:

uma caixa fica sem brinquedos	duas caixas ficam sem brinquedos	nenhuma caixa fica sem brinquedos
0, 1 e 4	0, 0 e 5	1,1 e 3
0, 2 e 3		1,2 e 2

O total de modos que há para distribuir 5 brinquedos diferentes em 3 caixas diferentes pode ser obtido com base nos dados da tabela acima: $P_3\, x \left[C_{5,4} + C_{5,3}\right] + \left[\frac{P_3}{2!}\, x\, C_{5,5}\right] + \frac{P_3}{2!}\left[\, C_{5,1} x\, C_{4,1} + C_{5,1} x\, C_{4,2}\right] = 90 + 3 + 150 = 243.$

Considerando o fato de os brinquedos serem diferentes, para serem distribuídos por caixas distintas, o total de modos de distribuir os brinquedos pode ser obtido via o conceito de arranjos com repetição, assim: AR_3^5 = 3 X 3 X 3 x 3 x 3 = 243.

Apenas para situar o leitor em relação ao problema de colocar 5 anéis distintos em três dedos da mão, esse total é de P_5 x 243 colocações distintas, um valor bem maior que o número de modos de distribuir 5 brinquedos diferentes em 3 caixas diferentes, que é de 243. Essa enorme diferença entre as duas quantidades deve-se ao fato de que em relação aos anéis é preciso considerar as distintas arrumações entre eles pelos dedos - fato que não ocorre com os brinquedos nas caixas.

Exemplo 40: De quantos modos podemos distribuir oito brinquedos distintos em três caixas diferentes?

Se pode modelar o problema estabelecendo uma relação unívoca entre a quantidade de brinquedos que serão colocados em cada caixa j, para j = 1,2,3 e os valores que cada variável xj na equação $x_1 + x_2 + x_3 = 8$ pode assumir, de modo que cada variável assume um número inteiro não negativo que varia de zero até o valor máximo oito, mas será preciso avaliar o total de possibilidades dos brinquedos a serem colocados nas respectivas caixas.

O total de soluções em inteiros não negativos da equação $x_1 + x_2 + x_2 = 8$, tal que xj é a quantidade de brinquedos na caixa j, para j = 1,2,3 é determinado por $CR_3^8 = C_{8+3-1}^8 = \frac{10!}{8!x\,2!} =$ 45 soluções. Em relação aos 8 brinquedos e as 3 caixas a distribuição é feito como está apresentado no quadro a seguir:

Caixa 1	Caixa 2	Caixa 3	Subtotal
vazia	A	B, C, D, E, F, G, H	(0,1,7),
vazia	A, B	C, D, E, F, G, H	(0,2,6),
vazia	A, B, C	D, E, F, G, H	(0,3,5),
A	B, C	D, E, F, G, H	(1,2,5),
A	B, C, D	E, F, G, H	(1,3,4)
			5 x P3 = 5 x 6 = 30
vazia	A, B, C, D	E, F, G, H	(0, 4, 4), (4, 0, 4), (0, 0, 4)
vazia	vazia	A, B, C, D, E, F, G, H	(0, 0, 8), (0, 8, 0), (8, 0, 0)
A	B	C, D, E, F, G, H	(1, 1, 6), (1, 6, 1), (6, 1, 1)
A, B	C, D	E, F, G, H	(2, 2, 4), (2, 4, 2), (4, 2, 2)
A, B	C, D, E	F, G, H	(2, 3, 3), (3, 2, 3), (3, 3, 2)
			5 x P3/2! = 5 x 3 = 15
		Total:	30 + 15 = 45

Mas, essa contagem está menor uma vez que é preciso que se considerem as arrumações de 5 brinquedos diferentes em 3 caixas diferentes. Assim, a análise deve levar em conta o comportamento dos conteúdos das caixas, como a seguir:

uma caixa fica sem brinquedos	duas caixas ficam sem brinquedos	nenhuma caixa fica sem brinquedos
0, 1 e 7	0, 0 e 8	1,2 e 5
0, 2 e 6		1,3 e 4
0, 3 e 5		1,1 e 6
0, 4 e 4		2,2 e 4
		2,3 e3

O total de modos que há para distribuir 8 brinquedos diferentes em 3 caixas diferentes pode ser obtido com base nos dados da tabela acima, assim:

$$P_3\, x \left[C_{8,1} + C_{8,2} + C_{8,3} + \frac{C_{8,4}}{2!}\right] + \left[\frac{P_3}{2!}\, x\, C_{8,8}\right] + P_3\, x \left[C_{8,1}\ x\, C_{7,2} + C_{8,1} x\, C_{7,3} + \frac{C_{8,1}\, x\, C_{7,1}}{2!} + \frac{C_{8,2}\, x\, C_{6,2}}{2!} + \frac{C_{8,2}\, x\, C_{6,3}}{2!}\right] = 762 + 3 + 5796 = 6561.$$

Considerando o fato de os brinquedos serem diferentes e distribuídos por caixas distintas, o total de modos de distribuir os brinquedos pode ser obtido via o conceito de arranjos com repetição, assim: AR_3^8 = 3 X 3 X 3 x 3 x 3 X 3 x 3 x 3 = 6561.

Apenas para situar o leitor em relação ao problema de colocar 8 anéis distintos em três dedos da mão, esse total é de $P_8\ x\ 6561$ colocações distintas, um valor muitas vezes maior que o número de modos de distribuir 8 brinquedos diferentes em 3 caixas diferentes, que é de 6561. Essa enorme diferença entre as quantidades deve-se ao fato de que em relação aos anéis é preciso considerar as distintas arrumações entre eles pelos dedos - fato que não ocorre com as distribuições dos brinquedos pelas caixas.

> Exemplo 41: De quantos modos podemos distribuir oito brinquedos distintos em cinco caixas diferentes?

Se pode modelar o problema acima estabelecendo uma relação unívoca entre a quantidade de brinquedos que serão colocados em cada caixa j, para j = 1,2,3,4,5, e os valores que cada variável xj na equação $x_1 + x_2 + x_3 + x_4 + x_5 = 8$ pode assumir, de modo que cada variável assume um número inteiro não negativo que varia de zero até o valor máximo oito, mas será preciso avaliar o total de possibilidades dos brinquedos a serem colocados nas respectivas caixas.

O total de soluções em inteiros não negativos da equação $x_1 + x_2 + x_2 + x_2 + x_3 = 8$, tal que xj é a quantidade de brinquedos na caixa j, para j = 1,2,3,4,5 é determinado por $CR_5^8 = C_{8+5-1}^8 = \frac{12!}{8!x\,4!} =$ 495 soluções. Em relação aos oito brinquedos distintos e as cinco caixas distintas, a distribuição deve ser feita como apresentado no quadro a seguir:

Caixa 1	Caixa 2	Caixa 3	Caixa 4	Caixa 5	(0, 1,1,1,5)
vazia	A	B	C	D,E,F,G,H	P5/3! = 20 modos de distribuir.
vazia	A	B	C,D	E,F,G,H	(0,1,1,2,4), (0,1,2,2,3)
vazia	A	B,C	D,E	F,G,H	2 x P5/2! = 120 modos de distribuir.
vazia	A	B	C,D,E	F,G,H	(0,1,1,3,3) P5/2!x2! = 30 modos de distribuir.
vazia	A,B	C,D	E,F	G,H	(0,2,2,2,2) P5/4! = 5 modos de distribuir.
vazia	vazia	A	B	C,D,E,F,G,H	(0,0,1,1,6),(0,0,2,2,4),(0,0,2,3,3) 3 X P5/2!X2! = 90 modos de distribuir.
vazia	vazia	A	B,C	D,E,F,G,H	(0,0,1,2,5),(0,0,1,3,4) 2 X P5/2! = 120 modos de distribuir.
vazia	vazia	vazia	A	B,C,D,E,F,G,H	(0,0,0,1,7),(0,0,0,2,6),(0,0,0,3,5) 3 X P5/3! = 60 modos de distribuir.
vazia	vazia	vazia	A,B,C,D	E,F,G,H	(0,0,0,4,4) P5/3!X2! = 10 modos de distribuir.
vazia	vazia	vazia	vazia	A, B, C, D, E, F, G, H	(8,0,0,0,0) P5/4! = 5 modos de distribuir.
A	B	C	D	E,F,G,H	(1,1,1,1,4) P5/4! = 5 modos de distribuir.
A	B	C	D,E	F,G,H	(1,1,1,2,3) P5/3! = 20 modos de distribuir.
A	B	C,D	E,F	G,H	(1,1,2,2,2) P5/2!X3! = 10 modos de distribuir. Total: 495

Mas essa contagem está a menor, pois é preciso considerar as arrumações de 8 brinquedos diferentes em 5 caixas diferentes. Assim, a análise deve levar em conta o comportamento dos conteúdos das caixas, como a seguir:

uma caixa fica sem brinquedos	duas caixas ficam sem brinquedos	três caixas ficam sem brinquedos	quatro caixas ficam sem brinquedos	nenhuma caixa fica sem brinquedos
0, 1,1,1 e 5	0, 0,1,1 e 6	0,0,0,1 e 7	0,0,0,0 e 8	1,1,1,1 e 4
0, 1,1,2 e 4	0, 0,2,2 e 4	0,0,0,2 e 6		1,1,1,2 e 3
0, 1,2,2 e 3	0, 0,2,3 e 3	0,0,0,3 e 5		1,1,2,2 e 2
0, 1,1,3 e 3	0,0,1,2 e 5	0,0,0,4 e 4		
0, 2,2,2 e 2	0,0,1,3 e 4			
Subtotal: 5	Subtotal: 5	Subtotal: 4	Subtotal: 1	Subtotal: 3

Total: 18 possibilidades de distribuição

O total de modos que há para distribuir 8 brinquedos diferentes em 3 caixas diferentes pode ser obtido com base nos dados da tabela acima, assim:

$$P_5\,x\left[\frac{C_{8,1}\,x\,C_{7,1}\,x\,C_{6,1}}{3!}+\frac{C_{8,1}\,x\,C_{7,1}\,x\,C_{6,2}}{2!}+\frac{C_{8,1}\,x\,C_{7,1}\,x\,C_{6,3}}{2!x\,2!}+\frac{C_{8,1}\,x\,C_{7,2}\,x\,C_{5,2}}{2!}+\frac{C_{8,2}\,x\,C_{6,2}\,x\,C_{4,2}}{4!}\right]+P_5\,x\left[\frac{C_{8,1}\,x\,C_{7,1}}{2!x\,2!}+\right.$$

$$\left.\frac{C_{8,1}\,x\,C_{7,2}}{2!}+\frac{C_{8,1}\,x\,C_{7,3}}{2!}+\frac{C_{8,2}\,x\,C_{6,2}}{2!x\,2!}+\frac{C_{8,2}\,x\,C_{6,3}\,x\,C_{3,3}}{2!x\,2!}\right]+P_5\,x\left[\frac{C_{8,1}}{3!}+\frac{C_{8,2}}{3!}+\frac{C_{8,3}}{3!}+\frac{C_{8,4}}{3!x\,2!}\right]+\left[\frac{P_5}{4!}\right]+$$

$$P_5\,x\left[\frac{C_{8,1}+C_{7,1}+C_{6,1}+C_{5,1}}{4!}+\frac{C_{8,1}+C_{7,1}+C_{6,1}+C_{5,2}}{3!}+\frac{C_{8,1}+C_{7,1}+C_{6,2}+C_{4,2}}{2!x\,3!}\right]=204.120+57.960+$$

$2.540+5+\ 126.000=390.625$. Este é o total de modos de distribuir 8 brinquedos diferentes por 5 caixas diferentes.

Chamamos a atenção do leitor para a igualdade de 18 parcelas do somatório acima, e as 18 possibilidades de comportamento das caixas em relação ao conteúdo de cada uma delas. Considerando o fato de os 8 brinquedos serem diferentes, e que estes devem ser distribuídos por 5 caixas distintas, o total de modos de distribuir os brinquedos pode ser obtido via conceito de arranjos com repetição, assim: AR_5^8 = 5 X 5 X 5 x 5 x 5 X 5 x 5 x 5 = 390.625.

Apenas para situar o leitor em relação ao problema de colocar 8 anéis distintos em cinco dedos da mão, esse total é de: $P_8\,x\,390.625$ colocações distintas, um valor muitas vezes maior que o número de modos de distribuir 8 brinquedos diferentes em 5 caixas diferentes, que é de 390.625. Essa enorme diferença entre as quantidades se deve ao fato de que em relação aos anéis é preciso considerar as distintas ordenações entre eles, pelos dedos, fato que não ocorre com as distribuições de brinquedos pelas caixas.

O quadro a seguir resume todos os resultados como os brinquedos podem ser distribuídos pelas caixas, explorados como antes e como depois:

Total de caixas iguais	3 brinquedos iguais	4 brinquedos iguais	5 brinquedos iguais	8 brinquedos iguais	3 brinquedos diferen-tes	5 brinquedos diferen-tes	6 brinquedos diferen-tes	8 brinquedos diferen-tes
2	2		3		4	16	32	
3			5		5	41	122	
4	3						187	
5			7	18	5	52	202	4.125
6	3	5					203	
7							203	

Total de caixas diferentes	3 brinquedos iguais	5 brinquedos iguais	8 brinquedos iguais	3 brinquedos diferen-tes	5 brinquedos diferen-tes	8 brinquedos diferen-tes
2	4	6		8	32	
3		21		10	243	6561
5			495			390.625

Após a exploração dos exemplos acima, é possível identificar 5 (cinco) características marcantes, presentes na exploração da temática combinações completas:

- ✓ Faz-se escolhas de alguns elementos de um conjunto com elementos distintos de maneira que as escolhas recaiam sobre um ou mais objetos mais que uma vez;
- ✓ O uso do símbolo CR_p^n para indicar o total de modos de escolher p objetos distintos ou não entre n objetos distintos disponíveis;
- ✓ A possibilidade de modelar um problema de contagem relacionado às combinações completas - para determinar o total de modos de escolher p objetos distintos ou não entre n objetos distintos disponíveis - por meio da determinação do número total de soluções inteiras não negativas da equação $x_1 + x_2 + x_3 + ... + x_n = p$;
- ✓ O uso do símbolo CR_p^n para determinar o número de soluções inteiras não negativas da equação $x_1 + x_2 + x_3 + ... + x_n = p$;
- ✓ Para uma equação do tipo $x_1 + x_2 + x_3 + ... + x_n = p$ na qual as variáveis admitem valores inteiros com restrições diferentes de apenas serem inteiros não negativos, será preciso estabelecer mudanças nas variáveis - em todas ou em algumas -, de maneira que esta equação se torne equivalente a outra equação em que todas as variáveis sejam inteiras

não negativas, uma vez que em equações assim se pode determinar o número de soluções inteiras não negativas por meio do uso do símbolo CR_p^n;

- ✓ O número de soluções em inteiros não negativos da equação $x_1 + x_2 + ... + x_p = m$, $xi \geq 0$, equivalente à equação e condições $(x_1 + 1) + (x_2 + 1) + ... + (x_p + 1) = m + p$, $y_1 + y_2 + ... + y_p = m + p$, $yi = xi + 1$, $yi \geq 1$, é dada por: $CR_p^{m+p-p} = C_{m+p-1}^m = \frac{(m+p-1)!}{m!\,x\,(m+p-1-m)!} = \frac{(m+p-1)!}{m!\,x\,(p-1)!}$;
- ✓ O número de soluções em inteiros positivos da equação $x_1 + x_2 + ... + x_p = m$, $m > 0$, equivalente à equação e condições $x_1 - 1 + x_2 - 1 + ... + x_p - 1 = m - p$, $y_1 + y_2 + ... + y_p = m - p$, $yi \geq 0$, é dada por: $CR_p^{m-p} = C_{m-p+p-1}^{m-p} = C_{m-1}^{m-p} = \frac{(m-1)!}{(m-p)!\,x\,(m-1-m+p)!} = \frac{(m-1)!}{(m-p)!\,x\,(p-1)!}$.

Como não se pode considerar os dedos como iguais entre si, falta explorar situações problemas com **m** anéis iguais ou **m** anéis distintos para serem colocados, por exemplo, em **p** caixas iguais - considerando que cada caixa tem capacidade para armazenar os **m** anéis.

Tais problemas, poderão ser identificados nos exemplos a seguir, requerem ferramentas combinatórias mais complexas que as que foram utilizadas nos problemas anteriores.

Exemplo 42: De quantos modos podemos distribuir cinco brinquedos iguais em cinco caixas iguais?

A quantidade de soluções em inteiros não negativos da equação x + y + z + w + t = 5 é $CR_5^5 = C_{5+5-1}^5 = \frac{9!}{5!\,x\,4!} = 126$. Mas, em relação à distribuição de 5 brinquedos iguais em 5 caixas iguais essa quantidade de soluções em inteiros não negativos está maior em virtude de as cinco caixas serem iguais e o fato de grupamentos de soluções corresponderem à uma mesma distribuição de brinquedos.

Devido à essa enorme quantidade, de 126 soluções em inteiros não negativos, não vamos enumerá-las aqui. O quadro a seguir mostra como deve ser feita a distribuição dos 5 brinquedos iguais em função da quantidade de uma, duas, três ou quatro caixas ficarem vazias ou de não haver caixa alguma vazia:

uma caixa fica sem brinquedos	duas caixas ficam sem brinquedos	três caixas ficam sem brinquedos	quatro caixas ficam sem brinquedos	nenhuma caixa fica sem brinquedos
0, 1,1,1 e 2	0, 0,1,1 e 3	0,0,0,1 e 4	0,0,0,0 e 5	1,1,1,1 e 1
	0,0,1,2 e 2	0,0,0,2 e 3		
Subtotal: 1	Subtotal: 2	Subtotal: 2	Subtotal: 1	Subtotal: 1

Total: 7 possibilidades de distribuição

Assim:

- As soluções (0,1,1,1,2), (1,0,2,1,1), (2,1,1,1,0), por exemplo, da equação x + y + z + w + t = 5, representam a mesma distribuição de 5 brinquedos iguais por 5 caixas iguais, qual seja: 2 brinquedos ficam em uma caixa e 3 das quatro caixas restantes têm um brinquedo cada uma, e a outra caixa restante fica vazia. Logo, para cada $\frac{P_5}{3!} = 20$ permutações (20 soluções da equação x + y + z + w + t = 5 com essa distribuição de valores pelas cinco variáveis) tem-se apenas 1 (uma) possibilidade para distribuir os cinco brinquedos, como acima;
- As soluções (0,1,1,0,3), (1,1,0,0,3), (3,0,1,3,0), por exemplo, da equação x + y + z + w + t = 5 representam a mesma distribuição de 5 brinquedos iguais por 5 caixas iguais, qual seja: 3 brinquedos ficam em uma caixa, 1 brinquedo fica em uma caixa, outro brinquedo fica em uma caixa, e 2 caixas ficam vazias. Logo, para cada $\frac{P_5}{2!\,x\,2!} = 30$ permutações (30 soluções da equação x + y + z + w + t = 5 com essa distribuição de valores pelas cinco variáveis), tem-se apenas 1 (uma) possibilidade para distribuir os cinco brinquedos, como acima;
- As soluções (0,0,2,2,1), (2,0,0,1,2) e (2,1,0,2,0), por exemplo, da equação x + y + z + w + t = 5 representam a mesma distribuição de 5 brinquedos iguais por 5 caixas iguais, qual seja: 2 caixas vazias, uma caixa com 1 brinquedo, e 2 brinquedos em cada uma das 2 caixas restantes. Logo, para cada $\frac{P_5}{2!\,x\,2!} = 30$ permutações (30 soluções da equação x + y + z + w + t = 5 com essa distribuição de valores pelas cinco variáveis) tem-se apenas 1 (uma) possibilidade para distribuir os cinco brinquedos, como acima;
- As soluções (0,1,0,0,4) e (0,0,0,4,1), por exemplo, da equação x + y + z + w + t = 5 representam a mesma distribuição de 5 brinquedos iguais por 5 caixas iguais, qual seja: 4 brinquedos ficam em uma caixa, 1 brinquedo fica em uma caixa e as outras 3 caixas ficam vazias. Logo, para cada $\frac{P_5}{3!} = 20$ permutações (20 soluções da equação, com a distribuição de valores pelas cinco variáveis x + y + z + w + t = 5) tem-se apenas 1 (uma) possibilidade para distribuir os cinco brinquedos, como acima;

- As soluções (3,0,0,2,0) e (0,2,0,0,3), por exemplo, da equação x + y + z + w + t = 5 representam a mesma distribuição de 5 brinquedos iguais por 5 caixas iguais, qual seja: 3 brinquedos ficam em uma caixa, 2 brinquedos ficam em uma caixa e as outras 3 caixas ficam vazias. Logo, para cada $\frac{P_5}{3!} = 20$ permutações (20 soluções da equação, com essa distribuição de valores pelas cinco variáveis) x + y + z + w + t = 5) tem-se apenas 1 (uma) possibilidade para distribuir os cinco brinquedos, como acima;
- As soluções (0,0,0,0,5), (0,0,5,0,0), (5,0,0,0,0), por exemplo, da equação x + y + z + w + t = 5, representam a mesma distribuição de 5 brinquedos iguais por 5 caixas iguais, qual seja: 5 brinquedos ficam em uma caixa, e as outras 4 caixas ficam vazias. Logo, para cada $\frac{P_5}{4!} = 5$ permutações (5 soluções da equação x + y + z + w + t = 5 com essa distribuição de valores pelas cinco variáveis) tem-se apenas 1 (uma) possibilidade para distribuir os cinco brinquedos, como acima;
- A solução (1,1,1,1,1), da equação x + y + z + w + t = 5 representa a distribuição de 5 brinquedos iguais por 5 caixas iguais, qual seja: 1 brinquedo fica em cada uma das 5 caixas. Logo, para essa $\frac{P_5}{5!} = 1$ (uma) permutação (uma solução da equação x + y + z + w + t = 5 com essa distribuição de valores pelas cinco variáveis) tem-se apenas 1 (uma) possibilidade para distribuir os cinco brinquedos, como acima.

Portanto, o quadro acima mostra que há 7 (sete) maneiras distintas de distribuir cinco brinquedos iguais por 5 caixas iguais.

Apenas para o leitor se certificar que todas as possibilidades foram consideradas, em um total de 7, uma verificação pode ser feita em relação aos resultados apresentados no quadro acima e as distribuições conforme acima, de maneira à retomar às 126 soluções em inteiros não negativos da equação x + y + z + w + t = 5, fazendo assim: $\left(\frac{P_5}{3!}\right) + \left(2\,x\,\frac{P_5}{2!x\,2!}\right) + \left(2\,x\,\frac{P_5}{3!}\right) + \left(\frac{P_5}{4!}\right) + \left(\frac{P_5}{5!}\right) = 20 + 2\,x\,30 + 2\,x\,20 + 5 + 1 = 126.$

Exemplo 43: De quantos modos diferentes podemos distribuir 3 (três) brinquedos iguais em 2 (duas) caixas iguais?

Para resolver este problema devemos atentar para o fato de os brinquedos e as caixas serem iguais. Portanto, não há que considerar ordenações dos brinquedos pelas caixas como ordenações distintas entre si - diferentemente do caso de considerar tais ordenações quando os brinquedos são diferentes, para serem distribuídos em caixas iguais ou em caixas diferentes.

A quantidade de soluções em inteiros não negativos da equação x + y = 3 é computado por $CR_2^3 = C_{3+2-1}^3 = \frac{4!}{3!\,x\,1!} = 4$. Eis as 4 soluções: (0,3), (3,0), (1,2) e (2,1).

Mas em relação à distribuição de 3 brinquedos iguais em 2 caixas iguais essa quantidade de soluções em inteiros não negativos está computada a maior em virtude de as duas caixas serem iguais e o fato de grupamentos de algumas soluções da equação corresponderem a uma mesma distribuição de brinquedos.

- ✓ Assim, as soluções da equação x + y = 3: (0,3) e (3,0), representam a mesma distribuição de três brinquedos iguais por 2 caixas iguais, qual seja: uma caixa contém os 3 brinquedos e a outra caixa fica vazia;
- ✓ O mesmo vale em relação às outras duas soluções da equação x + y = 3: (1,2) e (2,1). Elas representam a mesma distribuição de três brinquedos iguais por 2 caixas iguais, qual seja: uma caixa contém 1 brinquedo e a outra caixa contém os outros 2 brinquedos.

Portanto, 2 é a quantidade de maneiras de distribuir 3 brinquedos iguais em 2 caixas iguais. O quadro abaixo mostra essas 2 (duas) possibilidades:

uma das duas caixas fica sem brinquedos	**nenhuma das duas caixas fica sem brinquedos**
0 e 3	1 e 2

Portanto, o número de modos de distribuir 3 brinquedos iguais em 2 caixas iguais é igual a 2 (dois), a saber:

- Em uma caixa ficam os 3 brinquedos iguais e a outra caixa fica vazia, assim: A, A, A / caixa vazia, e
- Em uma caixa ficam 2 brinquedos iguais e na outra caixa fica 1 brinquedo, assim: A, A / A.

Apenas para o leitor se certificar de que todas as possibilidades de distribuição dos três brinquedos iguais pelas duas caixas foram consideradas é possível fazer uma rápida verificação consultando o quadro acima, de maneira a retomar as quatro soluções em inteiros não negativos da equação x + y = 3, fazendo assim: $P_2 + P_2 = 2 + 2 = 4$, respectivamente para as soluções (0,3) e (3,0), e (1,2) e (2,1).

Exemplo 44: De quantos modos diferentes podemos distribuir 5 (cinco) brinquedos iguais em 2 (duas) caixas iguais?

Para resolver este problema devemos atentar para o fato de as caixas serem iguais. Portanto, não há que considerar ordenações dos brinquedos pelas caixas, bem como não cabem ordenações dos brinquedos entre si, uma vez que todos são iguais entre si.

A quantidade de soluções em inteiros não negativos da equação x + y = 5 é $CR_2^5 = C_{5+2-1}^5 = \frac{6!}{5!\ x\ 1!} = 6$, a saber: (0,5), (5,0), (1,4), (4,1), (2,3) e (3,2).

Mas em relação à distribuição de 5 brinquedos iguais em 2 caixas iguais essa quantidade de soluções em inteiros não negativos está maior em virtude de as duas caixas serem iguais e o fato de grupamentos de duas soluções distintas da equação corresponderem a uma mesma distribuição de brinquedos.

- ✓ Assim, por exemplo, as soluções (0,5) e (5,0) da equação x + y = 5 representam a mesma distribuição dos 5 brinquedos iguais pelas 2 caixas iguais: uma caixa contém 5 brinquedos e a outra caixa vazia;
- ✓ O mesmo vale com relação às duas soluções (1,4) e (4,1) da equação x + y = 5: uma caixa contém 1 brinquedo e a outra caixa contém 4 brinquedos;
- ✓ Finalmente, o mesmo vale em relação às duas soluções (2,3) e (3,2) da equação x + y = 5: uma caixa contém 2 brinquedos e a outra caixa contém 3 brinquedos.

Portanto, há 3 maneiras de distribuir 5 brinquedos iguais em 2 caixas iguais. O quadro abaixo mostra essas três possibilidades:

uma das duas caixas fica sem brinquedo	nenhuma das duas caixas fica sem brinquedo
0 e 5	1 e 4
	2 e 3

O quadro acima apresenta as seguintes informações:

- Em uma caixa ficam os 5 brinquedos iguais e a outra caixa fica vazia: A, A, A, A, A / caixa vazia;
- Em uma caixa fica 1 brinquedo e na outra caixa ficam os restantes quatro brinquedos iguais: A / A, A, A, A;
- Em uma caixa ficam 2 brinquedos e na outra caixa ficam os restantes três brinquedos iguais: A, A / A, A, A.

Desde já, alertamos o leitor para não tirar conclusões precipitadas quanto ao total de possibilidades de distribuir brinquedos iguais em caixas iguais.

Possivelmente, o leitor pode estar julgando que talvez por conta de os resultados dos dois problemas anteriores terem sido de 2 e 3 possibilidades, respectivamente, que esses resultados têm alguma relação direta com o total de soluções em inteiros não negativos das respectivas equações correspondentes: $x + y = 3$ e $x + y = 5$, que são 4 e 6, respectivamente. Cuidado, não há nenhuma relação entre um resultado e outro!

O leitor deve ficar atento para o fato de, nos dois problemas, o total de soluções em inteiros não negativos das respectivas equações e os tipos de grupamentos que foram feitos, a partir dessas soluções, apenas serviram de parâmetro para as decisões consoantes aos possíveis modos que há para fazer a distribuição de brinquedos iguais por caixas iguais. Apenas isso! Nada mais.

Outros problemas serão explorados em seguida, de modo a ajudar o leitor a não tirar conclusões precipitadas quanto ao fato de o total de soluções em inteiros não negativos de uma correspondente equação possivelmente ter que ser dividida por 2, por conta de haver 2 (duas) caixas iguais, como algo que também é observável durante a resolução dos dois problemas. Mais uma vez pedimos ao leitor que tenha cuidado, e não se precipite em levantar conjecturas que não se aplicam ao caso geral, pois uma coisa e outra não têm ligação alguma entre si! Já a partir do próximo exemplo essa possível conjectura cairá por terra.

Apenas para o leitor se certificar qùe todas as possibilidades de distribuição dos brinquedos iguais pelas caixas iguais, neste exemplo, foram consideradas, é possível fazer uma rápida verificação consultando o quadro acima de maneira a verificar ser possível retomar às 6 soluções em inteiros não negativos da equação $x + y = 3$. Lembrando que esta equação, por sua vez, serviu ao propósito de viabilizar a contagem total de modos de distribuir os 5 brinquedos iguais pelas duas caixas iguais, fazendo assim: $P_2 + 2\,x\,P_2 = 2 + 2\,x\,2 = 6$. Respectivamente, a primeira parcela é associada às soluções (0,5) e (5,0), e a segunda parcela é associada às soluções (1,4), (4,1), (2,3) e (3,2).

Exemplo 45: De quantos modos diferentes podemos distribuir 5 (cinco) brinquedos iguais em 3 (três) caixas iguais?

Por que propomos esse novo problema, que é tão parecido com os dois problemas anteriores? A resposta é: para que crenças e concepções acerca de possíveis relações entre a quantidade de soluções em inteiros não negativos das respectivas equações e as totalidades de modos que há para distribuir brinquedos iguais por caixas iguais (ou sobre a quantidade de caixas iguais) caiam por terra desde já, pois elas não existem. Ou seja, é preciso que o leitor se convença que os fatos e valores não guardam relação alguma entre si.

O que se pode afirmar, e apenas isso, é que o aumento na quantidade de brinquedos iguais e de caixas iguais disponíveis tornam as análises de possibilidades de distribuição dos brinquedos um pouco mais complexas. Ou seja, que nestes casos há a exigência de o leitor ter certa cautela para a resolução de cada problema. Vamos à resolução deste problema:

A quantidade de soluções em inteiros não negativos da equação x + y + z = 5 é $CR_3^5 = C_{5+3-1}^5 = \frac{7!}{5!\,x\,2!} = 21$, a saber: (0,1,4), (0,4,1), (0,2,3), (0,3,2), (1,0,4), (4,0,1), (2,0,3), (3,0,2), (1,4,0), (4,1,0), (2,3,0), (3,2,0), (0,0,5), (0,5,0), (5,0,0), (1,1,3), (1,3,1), (3,1,1), (1,2,2), (2,1,2), (2,2,1).

Mas em relação à distribuição de 5 brinquedos iguais em 3 caixas iguais essa quantidade de soluções em inteiros não negativos está maior, em virtude de as três caixas serem iguais e o fato de grupamentos de soluções da equação corresponderem a uma mesma distribuição de brinquedos.

O quadro a seguir mostra como deve ser feita a distribuição dos 5 brinquedos iguais em função da quantidade de caixas vazias (ou a possibilidade de nenhuma caixa estar vazia). Observe que esta última situação (nenhuma caixa vazia) só é possível ser levada em conta quando a quantidade de brinquedos iguais for maior que ou igual à quantidade de caixas iguais disponíveis.

duas caixas ficam sem brinquedos	**três caixas ficam sem brinquedos**	**quatro caixas ficam sem brinquedos**	**cinco caixas ficam sem brinquedos**
0, 0, 1, 1,1 e 1	0, 0, 0, 1,1 e 2	0, 0,0,0,1 e 3	0,0,0,0,0 e 4
		0, 0,0,0,2 e 2	
Subtotal: 1	Subtotal: 1	Subtotal: 2	Subtotal: 1

Total: 5 possibilidades de distribuição

Assim, grande parte das preocupações que o leitor deve ter ao resolver problemas deste tipo deve estar associada à quantidade de caixas vazias que precisam ser consideradas - uma vez que o fato de os brinquedos serem iguais implicar na não necessidade de o leitor preocupar-se com respeito às ordenações dos brinquedos entre si.

Assim:

- As soluções (0,1,4), (0,4,1), (1,0,4), (4,0,1), (1,4,0) e (4,1,0) da equação x + y + z = 5 representam a mesma distribuição de 5 brinquedos iguais por 3 caixas iguais, qual seja: 4 brinquedos ficam em uma caixa, 1 brinquedo fica em outra caixa e uma terceira caixa fica vazia. Logo, para cada $P_3 = 6$ permutações simples (as 6 soluções da equação x + y + z = 5, deste tipo, como acima), há apenas 1 (uma) possibilidade para distribuir os cinco brinquedos, como descrito acima;
- As soluções (0,2,3), (0,3,2), (2,0,3), (3,0,2), (2,3,0), (3,2,0) da equação x + y + z = 5 representam a mesma distribuição de cinco brinquedos iguais por 3 caixas iguais, qual seja: 2 brinquedos ficam em uma caixa, 3 brinquedos ficam em outra caixa e uma caixa fica vazia. Logo, para cada $P_3 = 6$ permutações simples (as 6 soluções da equação x + y + z = 5, deste tipo, como acima), tem-se apenas 1 (uma) possibilidade para distribuir os cinco brinquedos, como descrito acima;
- As soluções (0,0,5), (0,5,0), (5,0,0) da equação x + y + z = 5 representam a mesma distribuição de 5 brinquedos iguais por 3 caixas iguais, qual seja: os 5 brinquedos ficam em uma caixa e as outras duas caixas ficam vazias. Logo, para cada $\frac{P_3}{2!} = 3$ permutações (as 3 soluções da equação x + y + z = 5, deste tipo, como acima), tem-se apenas 1 (uma) possibilidade para distribuir os cinco brinquedos, como descrito acima;
- As soluções (1,1,3), (1,3,1) e (3,1,1) da equação x + y + z = 5 representam a mesma distribuição de cinco brinquedos iguais por 3 caixas iguais, qual seja: 1 brinquedo fica em uma caixa, 1 brinquedo fica em outra caixa, e 3 brinquedos ficam em outra caixa. Logo, para cada $\frac{P_3}{2!} = 3$ permutações (as 3 soluções da equação x + y + z = 5, deste tipo, como

acima), tem-se apenas 1 (uma) possibilidade para distribuir os cinco brinquedos, como descrito acima;

- As soluções (1,2,2), (2,1,2) e (2,2,1) da equação x + y + z = 5 representam a mesma distribuição de cinco brinquedos iguais por 3 caixas iguais, qual seja: 1 brinquedo fica em uma caixa, 2 brinquedos ficam em outra caixa, e 2 outros brinquedos ficam em outra caixa. Logo, para cada $\frac{P_3}{2!} = 3$ permutações, (as 3 soluções da equação x + y + z = 5, deste tipo, como acima), tem-se apenas 1 (uma) possibilidade para distribuir os cinco brinquedos, como descrito acima;

Portanto, há 5 (cinco) maneiras distintas de distribuir 5 (cinco) brinquedos iguais por 3 (três) caixas iguais.

O leitor deve observar que há 21 soluções em inteiros não negativos da equação x + y + z = 5, cinco brinquedos iguais, três caixas iguais e o total de possibilidades para distribuir os cinco brinquedos iguais por três caixas iguais é igual a 5 (cinco).

Apenas para o leitor se certificar que todas as possibilidades de distribuição dos brinquedos foram consideradas uma verificação pode ser feita a partir dos resultados mostrados no quadro acima, de modo a retomar às 21 soluções em inteiros não negativos da equação x + y + z = 5, fazendo assim: $(2\,x\,P_3) + (\frac{P_3}{2!}) + (2\,x\,\frac{P_3}{2!}) = 2\,x\,6 + 3 + 2\,x\,3 = 21$. Observe, também, que as parcelas acima representam, respectivamente, as distribuições dos brinquedos quando uma caixa fica vazia, duas caixas ficam vazias, e nenhuma caixa fica vazia.

Exemplo 46: De quantos modos podemos distribuir oito brinquedos iguais em cinco caixas iguais?

A quantidade de soluções em inteiros não negativos da equação x + y + z + w + t = 8 é $CR_5^8 = C_{8+5-1}^8 = \frac{12!}{8!\,x\,4!} = 495$. Mas em relação à distribuição de 8 brinquedos iguais em 5 caixas iguais essa quantidade de soluções em inteiros não negativos está maior em virtude de as cinco caixas serem iguais e o fato de grupamentos de soluções corresponderem a uma mesma distribuição de brinquedos.

Devido à essa enorme quantidade de 495 soluções, não vamos enumerá-las aqui.

Entretanto, o quadro a seguir mostra como deve ser feita a distribuição dos 8 brinquedos iguais em função da quantidade de caixas vazias: uma, duas, três ou quatro, ou a possibilidade de não haver caixa alguma vazia:

uma caixa fica sem brinquedos	**duas caixas ficam sem brinquedos**	**três caixas ficam sem brinquedos**	**quatro caixas ficam sem brinquedos**	**nenhuma caixa fica sem brinquedos**
0, 1,1,1 e 5	0, 0,1,1 e 6	0,0,0,1 e 7	0,0,0,0 e 8	1,1,1,1 e 4
0, 1,1,2 e 4	0, 0,2,2 e 4	0,0,0,2 e 6		1,1,1,2 e 3
0, 1,2,2 e 3	0, 0,2,3 e 3	0,0,0,3 e 5		1,1,2,2 e 2
0, 1,1,3 e 3	0,0,1,2 e 5	0,0,0,4 e 4		
0, 2,2,2 e 2	0,0,1,3 e 4			
Subtotal: 5	Subtotal: 5	Subtotal: 4	Subtotal: 1	Subtotal: 3

Total: 18 possibilidades de distribuição

Para cada umas das cinco situações distintas mostradas no quadro acima vamos tomar apenas algumas para um mesmo tipo de solução, em cada situação, para proceder as análises a seguir. Assim:

- As soluções (0,1,1,1,5), (1,0,5,1,1), (5,1,1,1,0), por exemplo, da equação x + y + z + w + t = 8, representam a mesma distribuição de 8 brinquedos iguais por 5 caixas iguais, qual seja: 5 brinquedos ficam em uma caixa, três das caixas têm um brinquedo cada e a caixa restante fica vazia. Logo, para cada $\frac{P_5}{3!} = 20$ permutações (20 soluções da equação x + y + z + w + t = 8 com essa distribuição de valores pelas cinco variáveis) tem-se apenas 1 (uma) possibilidade para distribuir os 8 brinquedos;
- As soluções (0,1,1,3,3), (1,1,0,3,3), (3,1,1,3,0), por exemplo, da equação x + y + z + w + t = 8 representam a mesma distribuição de 8 brinquedos iguais por 5 caixas iguais, qual seja: 3 brinquedos ficam em uma caixa, 3 brinquedos ficam em uma caixa, 1 brinquedo fica em uma caixa, 1 brinquedo fica em uma caixa, e a outra caixa fica vazia. Logo, para cada $\frac{P_5}{2!\, x\, 2!} = 30$ permutações (30 soluções da equação x + y + z + w + t = 8 com essa distribuição de valores pelas cinco variáveis) tem-se apenas 1 (uma) possibilidade para distribuir os 8 brinquedos;
- As soluções (0,2,2,2,2), (2,0,2,2,2), (2,2,0,2,2), (2,2,2,0,2), (2,2,2,2,0) da equação x + y + z + w + t = 8 representam a mesma distribuição de 8 brinquedos iguais por 5 caixas iguais, qual seja: 1 caixa vazia e 2 brinquedos em cada uma das 4 caixas restantes. Logo, para

cada $\frac{P_5}{4!} = 5$ permutações (5 soluções da equação x + y + z + w + t = 8 com essa distribuição de valores pelas cinco variáveis) tem-se apenas 1 (uma) possibilidade para distribuir os 8 brinquedos;

- As soluções (0,1,1,2,4), (1,0,1,4,2), (4,2,1,1,0) e (0,1,2,2,3), (1,0,2,3,2), (3,2,2,1,0), por exemplo, da equação x + y + z + w + t = 8 representam, respectivamente, as mesmas distribuições de 8 brinquedos iguais por 5 caixas iguais, quais sejam:
  No primeiro caso: 4 brinquedos ficam em uma caixa, 2 brinquedos ficam em uma caixa, 1 brinquedo fica em uma caixa, 1 brinquedo fica em uma caixa e a outra caixa fica vazia; No segundo caso: 3 brinquedos ficam em uma caixa, 2 brinquedos ficam em uma caixa, 2 brinquedos ficam em uma caixa, 1 brinquedo fica em uma caixa e a outra caixa fica vazia. Logo, para cada $\frac{P_5}{2!} = 60$ permutações (60 soluções da equação x + y + z + w + t = 8 com a distribuição de valores pelas cinco variáveis, em cada um dos casos) tem-se apenas uma possibilidade para distribuir os 8 brinquedos, em cada caso. Portanto, um total de duas possibilidades;
- As soluções (0,0,1,3,4), (3,0,1,4,0), (4,3,0,1,0) e (0,1,2,0,5), (1,0,2,5,0), (5,2,0,1,0), por exemplo, da equação x + y + z + w + t = 8 representam, respectivamente, as mesmas distribuições de 8 brinquedos iguais por 5 caixas iguais, quais sejam:
  No primeiro caso: 4 brinquedos ficam em uma caixa, 3 brinquedos ficam em uma caixa, 1 brinquedo fica em uma caixa, e as outras duas caixas ficam vazias; No segundo caso: 4 brinquedos ficam em uma caixa, 3 brinquedos ficam em uma caixa, 1 brinquedo fica em uma caixa e as outras duas caixas ficam vazias. Logo, para cada $\frac{P_5}{2!} = 60$ permutações (60 soluções da equação x + y + z + w + t = 8 com a distribuição de valores pelas cinco variáveis, em cada um dos casos) tem-se apenas uma possibilidade para distribuir os 8 brinquedos, em cada caso. Portanto, um total de duas possibilidades;
- As soluções (0,0,1,1,6), (6,0,1,1,0), (4,2,0,2,0), (0,2,2,0,4), (3,0,2,3,0), (3,2,0,3,0), por exemplo, da equação x + y + z + w + t = 8 representam, respectivamente, as mesmas distribuições de 8 brinquedos iguais por 5 caixas iguais, quais sejam:
  No primeiro caso: 6 brinquedos ficam em uma caixa, 1 brinquedo fica em uma caixa, 1 brinquedo fica em uma caixa, e as outras duas caixas ficam vazias; No segundo caso: 4 brinquedos ficam em uma caixa, 2 brinquedos ficam em uma caixa, 2 brinquedos ficam em uma caixa e as outras duas caixas ficam vazias; No terceiro caso: 3 brinquedos ficam em uma caixa, 3 brinquedos ficam em uma caixa, 2 brinquedos ficam em uma caixa e as outras duas caixas ficam vazias. Logo, para cada $\frac{P_5}{2! x\, 2!} = 30$ permutações (30 soluções da

equação x + y + z + w + t = 8 com a distribuição de valores pelas cinco variáveis, em cada um dos casos) tem-se apenas uma possibilidade para distribuir os 8 brinquedos, em cada caso. Portanto, um total de três possibilidades;

- As soluções (0,0,0,1,7), (7,0,0,1,0), (6,2,0,0,0), (0,2,6,0,0), (3,0,5,0,0), (3,0,0,5,0), por exemplo, da equação x + y + z + w + t = 8 representam, respectivamente, as mesmas distribuições de 8 brinquedos iguais por 5 caixas iguais, quais sejam:

  No primeiro caso: 7 brinquedos ficam em uma caixa, 1 brinquedo fica em uma caixa e as outras três caixas ficam vazias; No segundo caso: 6 brinquedos ficam em uma caixa, 2 brinquedos ficam em uma caixa e as outras três caixas ficam vazias; No terceiro caso: 5 brinquedos ficam em uma caixa, 3 brinquedos ficam em uma caixa e as outras três caixas ficam vazias. Logo, para cada $\frac{P_5}{3!} = 20$ permutações (20 soluções da equação x + y + z + w + t = 8 com a distribuição de valores pelas cinco variáveis, em cada um dos casos) tem-se apenas 1 (uma) possibilidade para distribuir os 8 brinquedos, em cada caso. Portanto, um total de três possibilidades;
- As soluções (0,0,0,0,8), (8,0,0,0,0), (0,8,0,0,0), (0,0,8,0,0), (0,0,0,8,0) da equação x + y + z + w + t = 8 representam a mesma distribuição de 8 brinquedos iguais por 5 caixas iguais, qual seja: 1 caixa com 8 brinquedos em cada e as 4 caixas restantes vazias. Logo, para cada $\frac{P_5}{4!} = 5$ permutações (5 soluções da equação x + y + z + w + t = 8 com essa distribuição de valores pelas cinco variáveis) tem-se apenas uma possibilidade para distribuir os 8 brinquedos;
- As soluções (1,1,1,1,4) e (4,1,1,1,1) da equação x + y + z + w + t = 8 representam a mesma distribuição de 8 brinquedos iguais por 5 caixas iguais, qual seja: 1 caixa com 4 brinquedos em cada e as 3 caixas restantes com um brinquedo em cada uma. Logo, para cada $\frac{P_5}{4!} = 5$ permutações (5 soluções da equação x + y + z + w + t = 8 com essa distribuição de valores pelas cinco variáveis) tem-se apenas 1 (uma) possibilidade para distribuir os 8 brinquedos;
- As soluções (1,1,1,2,3) e (2,1,3,1,1) da equação x + y + z + w + t = 8 representam a mesma distribuição de 8 brinquedos iguais por 5 caixas iguais, qual seja: 1 caixa com 3 brinquedos em cada, 1 caixa com 3 brinquedos e as 3 caixas restantes com um brinquedo em cada uma. Logo, para cada $\frac{P_5}{3!} = 20$ permutações (20 soluções da equação x + y + z + w + t = 8 com essa distribuição de valores pelas cinco variáveis) tem-se apenas 1 (uma) possibilidade para distribuir os 8 brinquedos;

- As soluções (1,1,2,2,2) e (2,2,2,1,1), por exemplo, da equação x + y + z + w + t = 8 representam a mesma distribuição de 8 brinquedos iguais por 5 caixas iguais, qual seja: 3 caixas com 2 brinquedos em cada e as 2 caixas restantes com um brinquedo em cada. Logo, para cada $\frac{P_5}{3!x\,2!} = 5$ permutações (5 soluções da equação x + y + z + w + t = 8 com essa distribuição de valores pelas cinco variáveis) tem-se apenas 1 (uma) possibilidade para distribuir os 8 brinquedos.

Portanto, o quadro mostra que há 18 (dezoito) maneiras distintas de distribuir oito brinquedos iguais por cinco caixas iguais, confirmadas pelas distribuições apresentadas acima. Apenas para o leitor se certificar que todas as possibilidades, em um total de 18, foram consideradas, uma verificação pode ser feita em relação aos resultados apresentados no quadro acima de maneira a retomar às 495 soluções em inteiros não negativos da equação x + y + z + w + t = 8, procedendo assim:

$$\left(2\,x\,\frac{P_5}{2!} + \frac{P_5}{2!x\,2!} + \frac{P_5}{3!} + \frac{P_5}{4!}\right) + \left(2\,x\,\frac{P_5}{2!} + 3\,x\,\frac{P_5}{2!x\,2!}\right) + \left(3\,x\,\frac{P_5}{3!} + \frac{P_5}{3!x\,2!}\right) + \left(\frac{P_5}{4!}\right) + \left(\frac{P_5}{3!x\,2!} + \frac{P_5}{3!} + \frac{P_5}{4!}\right) =$$

$$(2\,x\,60 + 30 + 20 + 5) + (2\,x\,60 + 3\,x\,30) + (3\,x\,20 + 10) + (5) + (10 + 20 + 5) = 495.$$

O leitor pode/deve associar cada uma das parcelas presentes na igualdade acima com os respectivos casos de possibilidades de soluções da equação e apresentados no quadro acima, seguindo a ordem em que as soluções são apresentadas ou em relação às respectivas parcelas presentes na igualdade acima.

Exemplo 47: De quantos modos podemos distribuir três brinquedos iguais em quatro caixas iguais?

A quantidade de soluções em inteiros não negativos da equação x + y + z + w = 3 é $CR_4^3 = C_{3+4-1}^3 = \frac{6!}{3!\,x\,3!} = 20$. Mas em relação à distribuição de 3 brinquedos iguais em 4 caixas iguais essa quantidade de soluções em inteiros não negativos está maior em virtude de as quatro caixas serem iguais e o fato de grupamentos de soluções corresponderem a uma mesma distribuição de brinquedos. Não vamos enumerar aqui as 20 soluções da equação, pois esse quantitativo servirá apenas para consolidar a resposta obtida, ao final.

O quadro, a seguir, mostra como deve ser feita a distribuição dos 3 brinquedos iguais em função da quantidade de caixas vazias: uma, duas ou três. Não existe a possibilidade de todas as caixas estarem não vazias por conta de haver um menor quantitativo de brinquedos que de caixas disponíveis.

uma caixa fica sem brinquedos	duas caixas ficam sem brinquedos	três caixas ficam sem brinquedos
0, 1, 1 e 1	0, 0, 1 e 2	0, 0,0 e 3
Subtotal: 1	Subtotal: 1	Subtotal: 1

Total: 3 possibilidades de distribuição

Assim:

- As soluções (0,1,1,1), (1,0,1,1), (1,1,1,0) e (1,1,1,0) da equação x + y + z + w = 3 representam uma mesma distribuição de 3 brinquedos iguais por 4 caixas iguais, qual seja: 1 brinquedo fica em cada uma de 3 das 4 caixas e a caixa restante fica vazia. Logo, para cada $\frac{P_4}{3!} = 4$ permutações (4 soluções da equação x + y + z + w = 3 com essa distribuição de valores pelas quatro variáveis) tem-se apenas 1 (uma) possibilidade para distribuir os 3 brinquedos;
- As soluções (0,0,1,2), (0,0,2,1), (0,1,2,0), (0,2,1,0), (1,2,0,0), (2,1,0,0), (0,1,0,2), (0,2,0,1), (1,0,0,2), (2,0,0,1), (1,0,2,0) e (2,0,1,0), da equação x + y + z + w = 3, representam uma mesma distribuição de 3 brinquedos iguais por 4 caixas iguais, qual seja: 2 brinquedos ficam em uma caixa, 1 brinquedo fica em outra caixa e as outras duas caixas restantes ficam vazias. Logo, para cada $\frac{P_4}{2!} = 12$ permutações (as 12 soluções da equação x + y + z + w = 3 com essa distribuição de valores pelas quatro variáveis mostradas acima) tem-se apenas 1 (uma) possibilidade para distribuir os 3 brinquedos;
- As soluções (0,0,0,3), (0,0,3,0), (0,3,0,0) e (3,0,0,0) da equação x + y + z + w = 3 representam uma mesma distribuição de 3 brinquedos iguais por 4 caixas iguais, qual seja: os 3 brinquedos ficam em uma caixa e as demais três caixas ficam vazias. Logo, para cada $\frac{P_4}{3!} = 4$ permutações (4 soluções da equação x + y + z + w = 3 com essa distribuição de valores pelas quatro variáveis) tem-se apenas 1 (uma) possibilidade para distribuir os 3 brinquedos.

Portanto, como é mostrado acima, no quadro e nas constatações, há 3 (três) maneiras distintas de distribuir 3 brinquedos iguais por 4 caixas iguais.

Apenas para o leitor se certificar que todas as possibilidades foram consideradas, em um total de 3, uma verificação pode ser feita em relação aos resultados apresentados no quadro acima quando se busca o propósito de retomar às 20 soluções em inteiros não negativos da equação x + y + z + w = 3, fazendo assim:

$$(\frac{P_4}{3!}) + (\frac{P_4}{2!}) + \left(\frac{P_4}{3!}\right) = 4 + 12 + 4 = 20.$$

Observe que cada parcela da igualdade acima representa o quantitativo de soluções em inteiros não negativos da equação x + y + z + w = 3 correspondentes às iguais distribuições dos brinquedos pelas respectivas caixas, em cada caso.

Exemplo 48: De quantos modos podemos distribuir 3 (três) brinquedos iguais em 6 (seis) caixas iguais?

A quantidade de soluções em inteiros não negativos da equação x + y + z + w + t + u = 3 é $CR_6^3 = C_{3+6-1}^3 = \frac{8!}{5!\,x\,3!} = 56$ soluções. As 56 soluções da equação não serão enumeradas aqui. Esse quantitativo servirá, apenas, para consolidar a resposta obtida, ao final.

Mas em relação à distribuição de 3 brinquedos iguais em 6 caixas iguais essa quantidade de soluções em inteiros não negativos está maior em virtude de as seis caixas serem iguais e o fato de grupamentos de soluções corresponderem a uma mesma distribuição de brinquedos.

O quadro a seguir mostra como deve ser feita a distribuição dos 3 brinquedos iguais em função da quantidade de caixas vazias: três, quatro ou cinco, uma vez que não existe a possibilidade de haver todas as caixas não vazias, pois a quantidade de brinquedos é menor que a quantidade de caixas.

três caixas ficam sem brinquedos	quatro caixas ficam sem brinquedos	cinco caixas ficam sem brinquedos
0, 0, 0, 1, 1 e 1	0, 0, 0, 0, 1 e 2	0, 0, 0, 0,0 e 3
Subtotal: 1	Subtotal: 1	Subtotal: 1

Total: 3 possibilidades de distribuição

Assim:

- As soluções (0,0,0,1,1,1), (1,0,0,0,1,1), (1,1,1,0,0,0) e (1,0,0,0,1,1), por exemplo, da equação x + y + z + w + t + u = 3 representam a mesma distribuição de 3 brinquedos iguais por 6 caixas iguais, qual seja: 1 brinquedo fica em cada uma de 3 caixas e as outras 3 caixas restantes ficam vazias. Logo, para cada $\frac{P_6}{3!x\,3!} = 20$ permutações (20 soluções da equação, com essa distribuição de valores pelas seis variáveis) tem-se apenas 1 (uma) possibilidade para distribuir os 3 brinquedos;
- As soluções (0,0,0,0,1,2), (1,0,0,0,0,2), (2,1,0,0,0,0), por exemplo, da equação x + y + z + w + t + u = 3, representam a mesma distribuição de 3 brinquedos iguais por 6 caixas iguais, qual seja: 2 brinquedos ficam em uma caixa, 1 brinquedo fica em uma caixa e as outras quatro caixas restantes ficam vazias. Logo, para cada $\frac{P_6}{4!} = 30$ permutações (30 soluções da equação, com essa distribuição de valores pelas seis variáveis) tem-se apenas uma possibilidade para distribuir os 3 brinquedos;
- As soluções (0,0,0,0,3,0), (0,0,0,0,0,3), (3,0,0,0,0,0), por exemplo, da equação x + y + z + w + t + u = 3 representam a mesma distribuição de 3 brinquedos iguais por 6 caixas iguais, qual seja: os 3 brinquedos ficam em uma caixa e as outras cinco caixas ficam vazias. Logo, para cada $\frac{P_6}{5!} = 6$ permutações (6 soluções da equação, com essa distribuição de valores pelas seis variáveis) tem-se apenas uma possibilidade para distribuir os 3 brinquedos.

Portanto, o quadro acima mostra que há 3 (três) maneiras distintas de distribuir 3 brinquedos iguais por 6 caixas iguais.

Apenas para o leitor se certificar que todas as possibilidades foram consideradas, em um total de 3, uma verificação pode ser feita em relação aos resultados apresentados no quadro acima de maneira a retomar às 56 soluções em inteiros não negativos da equação x + y + z + w + t + u = 3, fazendo assim: $(\frac{P_6}{3!x\,3!}) + (\frac{P_6}{4!}) + \left(\frac{P_4}{5!}\right) = 20 + 30 + 6 = 56.$

Observe que cada parcela da igualdade acima representa o quantitativo de soluções em inteiros não negativos da equação x + y + z + w + t + u = 3 correspondentes às iguais distribuições dos brinquedos pelas respectivas caixas, em cada caso.

Exemplo 49: De quantos modos podemos distribuir quatro brinquedos iguais em seis caixas iguais?

A quantidade de soluções em inteiros não negativos da equação x + y + z + w + t + u = 4 é $CR_6^4 = C_{4+6-1}^4 = \frac{9!}{5!\,x\,4!} = 126$ soluções. Não vamos enumerar aqui as 126 soluções da equação.

Esse quantitativo servirá, apenas, para consolidar a resposta obtida, ao final.
Mas em relação à distribuição de 4 brinquedos iguais em 6 caixas iguais essa quantidade de soluções em inteiros não negativos está a maior em virtude de as seis caixas serem iguais, e o fato de grupamentos de soluções corresponderem a uma mesma distribuição de brinquedos.

O quadro, a seguir, mostra como deve ser feita a distribuição dos 4 brinquedos iguais em função da quantidade de caixas vazias: duas, três, quatro ou cinco, uma vez que não existe a possibilidade de haver todas as caixas não vazias pois a quantidade de brinquedos é menor que a quantidade de caixas.

duas caixas ficam sem brinquedos	três caixas ficam sem brinquedos	quatro caixas ficam sem brinquedos	cinco caixas ficam sem brinquedos
0, 0, 1, 1,1 e 1	0, 0, 0, 1,1 e 2	0, 0,0,0,1 e 3	0,0,0,0,0 e 4
		0, 0,0,0,2 e 2	
Subtotal: 1	Subtotal: 1	Subtotal: 2	Subtotal: 1

Total: 5 possibilidades de distribuição

Assim:

- As soluções (0,0,1,1,1,1), (1,0,0,1,1,1), (1,1,0,0,1,1) e (1,1,1,0,1,0), por exemplo, da equação x + y + z + w + t + u = 4 representam a mesma distribuição de 4 brinquedos iguais por 6 caixas iguais, qual seja: 1 brinquedo fica em cada uma de 4 caixas, e as outras 2 caixas restantes ficam vazias. Logo, para cada $\frac{P_6}{2!x\,4!} = 15$ permutações (15 soluções da equação, com essa distribuição de valores pelas seis variáveis) tem-se apenas 1 uma possibilidade para distribuir os 4 brinquedos;
- As soluções (0,0,0,1,1,2), (1,1,0,0,0,2), (2,1,1,0,0,0), por exemplo, da equação x + y + z + w + t + u = 4, representam a mesma distribuição de 4 brinquedos iguais por 6 caixas iguais, qual seja: 2 brinquedos ficam em uma caixa, 1 brinquedo fica em cada uma de duas

caixas, e as outras três restantes caixas ficam vazias. Logo, para cada $\frac{P_6}{3! x\ 2!} = 60$ permutações (60 soluções da equação, com essa distribuição de valores pelas seis variáveis) tem-se apenas 1 uma possibilidade para distribuir os 4 brinquedos;

- As soluções (0,0,0,0,3,1), (0,0,0,1,0,3), (3,0,1,0,0,0), por exemplo, da equação x + y + z + w + t + u = 4, representam a mesma distribuição de 4 brinquedos iguais por 6 caixas iguais, qual seja: 3 brinquedos ficam em uma caixa, 1 brinquedo fica em uma caixa, e as outras quatro caixas restantes ficam vazias. Logo, para cada $\frac{P_6}{4!} = 30$ permutações (30 soluções da equação, com essa distribuição de valores pelas seis variáveis) tem-se apenas 1 (uma) possibilidade para distribuir os 4 brinquedos;
- As soluções (0,0,0,0,2,2), (0,0,0,2,0,2), (2,0,2,0,0,0), por exemplo, da equação x + y + z + w + t + u = 4, representam a mesma distribuição de 4 brinquedos iguais por 6 caixas iguais, qual seja: 2 brinquedos ficam em uma caixa, 2 brinquedos ficam em uma caixa, e as outras quatro caixas restantes ficam vazias. Logo, para cada $\frac{P_6}{4! x\ 2!} = 15$ permutações (15 soluções da equação, com essa distribuição de valores pelas seis variáveis) tem-se apenas 1 uma possibilidade para distribuir os 4 brinquedos;
- As soluções (0,0,0,0,4,0), (0,0,0,0,0,4), (4,0,0,0,0,0), por exemplo, da equação x + y + z + w + t + u = 4, representam a mesma distribuição de 4 brinquedos iguais por 6 caixas iguais, qual seja: 4 brinquedos ficam em uma caixa e as outras cinco caixas restantes ficam vazias. Logo, para cada $\frac{P_6}{5!} = 6$ permutações (6 soluções da equação, com essa distribuição de valores pelas seis variáveis) tem-se apenas 1 (uma) possibilidade para distribuir os 4 brinquedos.

Portanto, o quadro acima mostra que há 5 (cinco) maneiras distintas de distribuir 4 brinquedos iguais por 6 caixas iguais. Apenas para o leitor se certificar que todas as possibilidades foram consideradas, em um total de 5 possibilidades, uma verificação pode ser feita em relação aos resultados apresentados no quadro acima, de maneira a retomar às 126 soluções em inteiros não negativos da equação x + y + z + w + t + u = 4, fazendo assim:

$$\left(\frac{P_6}{2!\,x\,4!}\right) + \left(\frac{P_6}{2!\,x\,3!}\right) + \left(\frac{P_6}{2!\,x\,4!}\right) + \left(\frac{P_6}{4!}\right) + \left(\frac{P_6}{5!}\right) == 15 + 60 + 15 + 30 + 6 = 126.$$

Observe que cada parcela da igualdade acima representa o quantitativo de soluções em inteiros não negativos da equação x + y + z + w + t + u = 4, correspondentes às iguais distribuições dos brinquedos pelas respectivas caixas, em cada caso.

Agora, vamos generalizar os procedimentos que foram utilizados nos exemplos acima.
Problemas tipo 1: Há ***p*** brinquedos iguais para serem colocados em ***m*** caixas iguais, tal que ***p*** é maior que ou igual a ***m***.

Inicialmente, determina-se o total de soluções em inteiros não negativos da equação $x_1 + x_2 + ... + x_m$ = ***p***, calculado por CR_m^p. Não há necessidade de enumerar todas as soluções sob a forma de n-uplas, Devem ser consideradas as seguintes possibilidades para a distribuição das CR_m^p soluções em inteiros não negativos da equação $x_1 + x_2 + ... + x_m$ = ***p*** em relação às ***m*** caixas:

- 1 caixa está vazia e as demais (m - 1) caixas não, desde que m ≥ 2;
- 2 caixas estão vazias e a(s) outra(demais) (m - 2) caixas não, desde que m ≥ 3;
- .....
- (m - 1) caixas estão vazias e a outra caixa restante não;
- Nenhuma das m caixas está vazia (tal situação sempre ocorre quando a quantidade de caixas é menor que ou igual à quantidade de brinquedos disponíveis para distribuir).

De posse das CR_m^p soluções em inteiros não negativos da equação $x_1 + x_2 + ... + x_m$ = ***p***, forme grupamentos entre elas de modo que atendam às situações descritas acima (basta considerar apenas uma representante para cada tipo de distribuições dos brinquedos pelas caixas, para identificar o tipo de grupamento). Por exemplo, com a solução (2,0,0,2,2) da equação x + y + z + w + t = 6, é possível concluir que há um total de duas caixas vazias, e a repetição de valores, três repetições do valor 2 e duas repetições do valor 0, apontam para um total de $\frac{P_5}{2!x\ 3!}$ = 10 soluções distintas da equação cujos grupamentos possíveis de serem formados estarão, todos eles, sujeitos à mesma distribuição de 6 brinquedos iguais pelas 5 caixas iguais: duas das cinco caixas estarão vazias e as demais três caixas conterão, cada uma, 2 objetos em cada.

Ou seja, será preciso distribuir as soluções em inteiros não negativos da equação $x_1 + x_2 + ... + x_m$ = p por grupamentos que atendem às situações descritas acima, pois estas soluções estão diretamente relacionadas com as possibilidades de uma ou mais caixas estarem vazias, mas, é claro, não todas. Ou a possibilidade de todas as caixas conterem ao menos um objeto em cada (sem qualquer caixa vazia).

Concluindo:

O total de modos de distribuir todas as CR_m^p soluções em inteiros não negativos da equação é o mesmo que o total de modos de distribuir p objetos iguais em m caixas iguais, tal que ***p*** é maior que ou igual a ***m***. Ou seja, esse total de modos é a solução quantitativa do problema.

Problemas tipo 2: Há **p** brinquedos iguais para serem colocados em **m** caixas iguais, tal que **p** é menor que **m**.

Inicialmente, determina-se o total de soluções em inteiros não negativos da equação $x_1 + x_2 + ... + x_m = p$, calculado por CR_m^p. Não há necessidade de ter de enumerar todas as soluções sob a forma de n-uplas. Em seguida, consideram-se as seguintes possibilidades para a distribuição das CR_m^p soluções da equação em relação às m caixas iguais disponíveis:

- 1 caixa está vazia e as demais (m - 1) caixas não, desde que m – p = 1;
- 2 caixas estão vazias e as demais (m - 2) caixas não, desde que m – p = 2;
- .....
- (m – 1) caixas estão vazias e a caixa restante não, desde que m – p = 1;
- Não existe a possibilidade de todas as m caixas ficarem não vazias (tal situação sempre ocorre quando o quantitativo de caixas é maior que o número de brinquedos).

De posse das CR_m^p soluções em inteiros não negativos da equação $x_1 + x_2 + ... + x_m = p$ forme grupamentos entre elas de modo que atendam às situações descritas acima (basta considerar apenas uma representante para cada tipo de distribuições dos brinquedos pelas caixas). Por exemplo, com a solução (2,0,0,2,0), da equação x + y + z + w + t = 4, é possível concluir que há um total de 3 caixas vazias, de um total de 5 caixas disponíveis. E a repetição de valores: duas repetições do valor 2 e três repetições do valor 0 apontam para um total de $\frac{P_5}{2! x\, 3!}$ = 10 soluções distintas da equação cujos grupamentos possíveis de serem formados estarão, todos, sujeitos a uma mesma distribuição dos quatro brinquedos por 5 caixas, de modo que 3 das 5 caixas estarão vazias e as 2 caixas restantes conterão, cada uma, dois objetos em cada.

Ou seja, será preciso distribuir as soluções da equação por grupamentos que atendem àquelas situações descritas acima em relação ao fato de existirem (m – p) caixas vazias, até o máximo de (m – 1) caixas vazias.

Concluindo:

O total de modos de distribuir todas as CR_m^p soluções em inteiros não negativos da equação é o mesmo que o total de modos de distribuir ***p*** objetos iguais em ***m*** caixas iguais, tal que **p** é menor que **m**. Ou seja, esse total de modos é a solução do problema.

Os problemas a seguir tratam da distribuição de brinquedos distintos em caixas exatamente iguais, quando o quantitativo de caixas é menor que ou igual ao quantitativo de brinquedos.

Exemplo 50: De quantos modos podemos distribuir três brinquedos diferentes em três caixas iguais?

A quantidade de soluções em inteiros não negativos da equação x + y = 3 é igual a $CR_3^3 = C_{3+3-1}^3 = \frac{5!}{3!\,x\,2!} = 10$ soluções, a saber: (3,0,0), (0,3,0), (0,0,3), (1,2,0), (2,1,0), (0,1,2), (0,2,1), (1,0,2), (2,0,1) e (1,1,1). Mas, para resolver o problema de distribuição dos 3 brinquedos diferentes em 3 caixas iguais essas 10 soluções devem ser avaliadas de modos distintos.

- ✓ As soluções (3,0,0), (0,3,0), (0,0,3) representam uma única escolha, representada por $C_{3,3} = 1$, pois todos os brinquedos distintos estarão em uma caixa e a outra caixa estará vazia. Podemos representar, por exemplo, assim: A, B, C / caixa vazia / caixa vazia;
- ✓ As soluções (1,2,0), (2,1,0), (0,1,2), (0,2,1), (1,0,2) e (2,0,1) representam $C_{3,2}$ x $C_{1,1}$ = 3 escolhas, pois como todos os brinquedos são distintos será preciso escolher dois brinquedos por vez para colocá-los em uma das caixas, enquanto em outra caixa estará o brinquedo restante, em cada caso. Assim, tem-se as três seguintes possibilidades: A / B, C / caixa vazia; B / A, C / caixa vazia ou C / A, B / caixa vazia;
- ✓ A solução (1,1,1) representa uma única escolha, representada por $\frac{C3,1 \text{ x } C_{2,1} \text{ x } C1,1}{3!}$, pois cada um dos brinquedos distintos estará em uma caixa. Podemos representar, por exemplo, assim: A / B / C.

Portanto, há $C_{3,3} + C_{3,2} \times C_{1,1} + \frac{C3,1 \times C_{2,1} \times C1,1}{3!} = 1 + 3 + 1 = 5$ modos possíveis de distribuir três brinquedos distintos: A, B e C por entre três caixas iguais. Podemos representar, por exemplo, todas essas cinco possibilidades, assim: A, B, C / caixa vazia / caixa vazia; A / B, C / caixa vazia; B / A, C / caixa vazia; C / A, B / caixa vazia e A / B / C.

Observe que o que está em jogo, nesse tipo de problema, são as escolhas que devem ser feitas em relação aos distintos brinquedos, uma vez que o quantitativo de caixas permite a colocação de um brinquedo em cada uma delas e, também, que cada caixa tem capacidade para armazenar todos os brinquedos disponíveis. Assim, foi possível selecionar os 3 brinquedos por vez, 2 brinquedos por vez (deixando o outro brinquedo restante para ser colocado em outra caixa) e 1 brinquedo por vez para ser colocado em cada uma das três caixas - um em cada caixa.

O fato de os brinquedos serem distintos entre si, permite-nos generalizar as ideias presentes em problemas similares ao acima, assim:

Para separar 6 objetos distintos em dois grupos de 3 objetos cada, como fazemos?

Podemos colocar os 6 objetos: A, B, C, D, E e F em fila e separá-los de modo que um grupo seja formado pelos três primeiros objetos e o outro grupo pelos 3 últimos. Entretanto, ao fazer isso observamos que a separação A, B, C / D, E, F é igual à separação D, E, F / A, B, C, pois os grupos formados são exatamente os mesmos: um grupo é {A, B, C} e o outro é {D, E, F}.

Assim, se contarmos o total 6! - modos de colocar seis objetos em fila um ao lado do outro -, pelo fato de essas contagens terem sido contadas como distintas, como acima, o total até aqui é $\frac{6!}{2!}$.

Por outro lado, separações como A, C, D / B, E, F; D, C, A / B, E, F e D, C, A / E, F, B - as quais diferem apenas pela ordem em que os elementos de cada grupo são escritos -, apesar de serem idênticas, foram contadas, em verdade, como se fossem distintas entre si. Assim, será preciso desfazer essas igualdades para computar apenas os distintos casos.

Logo, cada divisão foi contada 2! X 3! X 3! vezes: 2! vezes por conta da ordem entre os dois grupos; 3! vezes por causa da ordem dos elementos do 1° grupo e 3! vezes por conta da ordem dos elementos do 2° grupo.

Portanto, o número de modos de separar seis objetos distintos em dois grupos de três objetos cada é: $\frac{6!}{3!\,x\,3!x\,2!}$.

E separar seis objetos distintos em um grupo com quatro objetos e outro com dois objetos? $\frac{6!}{4!x\,2!}$

E separar seis objetos distintos em três grupos de dois objetos cada? $\frac{6!}{2!x\,2!x\,2!x\,3!}$

E separar seis objetos distintos em quatro grupos: um grupo com quatro objetos e três grupos de um objeto em cada? $\frac{6!}{4!\,x\,1!x\,1!x\,1!x\,3!}$

E separar seis objetos distintos em dois grupos: um grupo com cinco objetos e um grupo com um objeto cada? $\frac{6!}{5!x\,1!}$

Exemplo 51: De quantos modos podemos distribuir cinco brinquedos diferentes em cinco caixas iguais?

A quantidade de soluções em inteiros não negativos da equação x + y + z + w + t = 5 é igual a $CR_5^5 = C_{5+5-1}^5 = \frac{9!}{5!\,x\,4!} = 126$ soluções. Mas, para resolver o problema de distribuição dos 5 brinquedos diferentes em 5 caixas iguais essas 126 soluções estão em quantidade maior em relação a distribuição de brinquedos distintos por caixas iguais e, portanto, elas devem ser avaliadas de modos distintos.

- Ao considerar que os cinco brinquedos distintos foram tomados em conjunto e que serão colocados em uma única caixa, com as demais quatro caixas restantes ficando vazias, indicamos essa única possibilidade por $C_{5,5} = 1$. Podemos representar assim: A, B, C, D, E / caixa vazia / caixa vazia / caixa vazia / caixa vazia;
- Ao considerar as escolhas distintas de quatro brinquedos por vez em conjunto - os quais serão colocados em uma única caixa – há que considerar que o brinquedo restante será colocado em uma das quatro caixas restantes, e as demais três caixas ficarão vazias. Assim, indicamos e computamos todas essas possibilidades por $C_{5,4} = 5$. Podemos representar, por exemplo, duas das possibilidades, assim: A, B, C, D / caixa vazia / caixa vazia / E / caixa vazia ou A, B, D, E / caixa vazia / C / caixa vazia / caixa vazia;
- Ao considerar as escolhas distintas de três brinquedos por vez em conjunto - os quais serão colocados em uma única caixa - em relação aos dois brinquedos restantes há de levar em conta que cabem apenas duas possibilidades: ou eles são selecionados em conjunto e colocados em uma única caixa ou cada um deles é colocado em um caixa.

Assim, aplicando o princípio multiplicativo, indicamos e computamos todas essas possibilidades por $C_{5,3} \text{ x } C_{2,2} + \frac{C_{5,3} \text{ x } C_{2,1} \text{ x } C_{1,1}}{2!} = \frac{5!}{3! x\, 2!} + \frac{5!}{3! x\, 2!}$. Podemos representar, por exemplo, duas das possibilidades, assim: B, C, D / caixa vazia / D, E / caixa vazia / caixa vazia ou B, D, E / caixa vazia / C / A / caixa vazia;

- Ao considerar as escolhas distintas de dois brinquedos por vez em conjunto - os quais serão colocados em uma única caixa - em relação aos três brinquedos restantes há que levar em conta que cabem apenas duas possibilidades: ou dois dos brinquedos são selecionados e colocados em uma caixa e o brinquedo restante colocado em outra caixa ou cada um dos três brinquedos restantes é colocado em um caixa. Atenção para o fato de os três brinquedos restantes já terem sido selecionados em conjunto, e colocados em uma única caixa, conforme o item anterior. Assim, aplicando o princípio multiplicativo, indicamos e computamos todas essas possibilidades por $\frac{C_{5,2} \text{ x } C_{3,2} \text{ x } C_{1,1}}{2!} + \frac{C_{5,2} \text{ x } C_{3,1} \text{ x } C_{2,1} \text{ x } C_{1,1}}{3!} = \frac{5!}{2! x\, 2! x\, 2!} + \frac{5!}{2! x\, 3!}$. Podemos representar, por exemplo, duas dessas possibilidades, assim: B, C / caixa vazia / A, D / E / caixa vazia ou B, D / caixa vazia / C / E / A;
- Ao considerar as escolhas de um brinquedo por vez - uma a uma - e colocar cada brinquedo em uma caixa, há que levar em conta o fato de as caixas serem iguais e, assim, tais ações dão conta de haver uma única possibilidade para se fazer tal distribuição. Assim, indicamos e computamos essa única possibilidade por $\frac{C_{5,1} \text{ x } C_{4,1}\, x\, C_{3,1} \text{ x } C_{2,1}\, x \text{ x } C_{1,1}}{5!} = \frac{5!}{5!} = 1$. Podemos representar essa possibilidade, por exemplo, assim: B / C / A / D / E.

Assim, há um total de $C_{5,5} + C_{5,4} + C_{5,3} \text{ x } C_{2,2} + \frac{C_{5,3} \text{ x } C_{2,1} \text{ x } C_{1,1}}{2!} + \frac{C_{5,2} \text{ x } C_{3,2} \text{ x } C_{1,1}}{2!} + \frac{C_{5,2} \text{ x } C_{3,1} \text{ x } C_{2,1} \text{ x } C_{1,1}}{3!} + \frac{C_{5,1} \text{ x } C_{4,1}\, x\, C_{3,1} \text{ x } C_{2,1}\, x \text{ x } C_{1,1}}{5!} = \frac{5!}{5!} + \frac{5!}{4!} + \frac{5!}{3! x\, 2!} + \frac{5!}{3! x\, 2!} + \frac{5!}{2! x\, 2! x\, 2!} + \frac{5!}{2! x\, 3!} + \frac{5!}{5!} = 1 + 5 + 10 + 10 + 15 + 10 + 1 = 52$ modos possíveis de distribuir cinco brinquedos distintos: A, B, C, D e E por cinco caixas iguais.

Observe que o que está em jogo nesse tipo de problema são as escolhas que devem ser feitas em relação aos distintos brinquedos, uma vez que o quantitativo de caixas permite a colocação de um brinquedo em cada uma delas e, também, que cada caixa tem capacidade para armazenar todos os brinquedos disponíveis de uma só vez.

Assim, foi possível selecionar os 5 brinquedos por vez, 4 brinquedos por vez (deixando o outro objeto restante para ser colocado em outra caixa), 3 brinquedos por vez (deixando os outros dois brinquedos restantes para serem colocados de dois modos distintos, 2 brinquedos por vez (deixando os outros três brinquedos restantes para serem colocados de dois modos distintos) e 1 brinquedo por vez, para ser colocado em cada uma das cinco caixas - um brinquedo em cada caixa.

Exemplo 52: De quantos modos podemos distribuir três brinquedos diferentes em duas caixas iguais?

A quantidade de soluções em inteiros não negativos da equação x + y = 3 é igual a $CR_2^3 = C_{3+2-1}^3 = \frac{4!}{3!\,x\,1!} = 4$ soluções, a saber: (0,3), (3,0), (1,2) e (2,1), Mas, para resolver o problema de distribuição dos 3 brinquedos diferentes em 2 caixas iguais essas 4 soluções devem ser avaliadas de modos distintos.

- ✓ As soluções (0,3) e (3,0) representam uma única escolha, representada por $C_{3,3} = \frac{3!}{3!} = 1$, pois todos os brinquedos distintos estarão em uma caixa e a outra caixa estará vazia. Podemos representar, por exemplo, assim: A, B, C / caixa vazia;
- ✓ As soluções (1,2) e (2,1) representam $C_{3,2}$ x $C_{1,1} = \frac{3!}{2!} = 3$ escolhas, pois como todos os brinquedos são distintos será preciso escolher dois brinquedos por vez para colocá-los em uma das caixas, enquanto na outra caixa estará o brinquedo restante, em cada caso. Assim, tem-se as três seguintes possibilidades: A / B, C; B / A, C ou C / A, B.

Portanto, há $C_{3,3} + C_{3,2}$ x $C_{1,1} = 1 + 3 = 4$ modos de distribuir três brinquedos distintos em duas caixas iguais. O quadro a seguir mostra essas possibilidades:

uma caixa	outra caixa
A, B, C	vazia
A	B e C
B	A e C
C	A e B

Total: 4 possibilidades

Exemplo 53: De quantos modos podemos distribuir cinco brinquedos diferentes em duas caixas iguais?

A quantidade de soluções em inteiros não negativos da equação x + y = 5 é de $CR_2^5 = C_{5+2-1}^5 = \frac{6!}{5!\,x\,1!}$ = 6 soluções, a saber: (0,5), (5,0), (1,4), (4,1), (2,3) e (3,2). Mas essas 6 (seis) soluções devem ser avaliadas de modos distintos quanto às distribuições de 5 brinquedos diferentes em 2 caixas iguais, a saber:

- As soluções (0,5) e (5,0) representam uma única escolha: $C_{5,5} = \frac{5!}{5!} = 1$, pois todos os brinquedos distintos estarão em uma caixa e a outra caixa estará vazia: A, B, C, D, E / caixa vazia;
- As soluções (1,4) e (4,1) representam um total de $C_{5,4} = \frac{5!}{4!} = 5$ escolhas distintas, pois todos os brinquedos são distintos e então, será preciso escolher quatro brinquedos por vez para colocar em uma das caixas, enquanto na outra caixa estará o brinquedo restante. Logo, as distribuições são as seguintes: A / B, C, D, E; B / A, C, D, E; C / A, B, D, E; D / A, B, C, E e E / A, B, C, D;
- As soluções (2,3) e (3,2) representam um total de $C_{5,3}$ x $C_{2,2}$ = = $\frac{5!}{3!x\,2!}$ = 10 escolhas distintas, pois todos os brinquedos são distintos e, então, será preciso escolher três brinquedos por vez para colocar em uma das caixas enquanto os outros dois brinquedos restantes devem ser colocados na outra caixa que resta. Logo, há as seguintes distribuições: A, B / C, D, E; A, C / B, D, E; A, D / B, C, D; A, E / B, C, D; B, C / A, D, E; B, D / A, C, E; B, E / A, C, D; C, D / A, B, E; C, E / A, B, C; D, E / A, B, C.

Portanto, há $C_{5,5} + C_{5,4} + C_{5,3}$ x $C_{2,2} = \frac{5!}{5!} + \frac{5!}{4!} + \frac{5!}{3!x\,2!} = 1 + 5 + 10 = 16$ modos de distribuir 5 brinquedos distintos em 2 caixas iguais. O quadro a seguir, mostra essas possibilidades:

uma caixa	outra caixa
A, B, C, D, E	vazia
A	B, C, D e E
B	A, C, D e E
C	A, B, D e E
D	A, B, C e E
E	A, B, C e D
A, B	C, D e E
A, C	B, D e E
A,D	B, C e E
A,E	B, C e D
B,C	A,D e E
B,D	A, C e E
B,E	A, C e D
C,D	A,B e E
C,E	A, B e D
D,E	A, B e C

Total: 16 possibilidades

Exemplo 54: De quantos modos podemos distribuir cinco brinquedos diferentes em três caixas iguais?

A quantidade de soluções em inteiros não negativos da equação x + y + z = 5 é de $CR_3^5 = C_{5+3-1}^5 = \frac{7!}{5!\,x\,2!} = 21$ soluções, a saber: (5,0,0), (0,5,0), (0,0,5), (0,1,4), (0,4,1), (0,2,3), (0,3,2), (1,0,4), (4,0,1), (2,0,3), (3,0,2), (1,4,0), (4,1,0), (2,3,0), (3,2,0), (1,1,3), (1,3,1), (3,1,1), (1,2,2), (2,1,2), (2,2,1), mas em relação à distribuição de 5 brinquedos diferentes em 3 caixas iguais essa quantidade de soluções em inteiros não negativos está maior e, portanto, devem ser avaliadas de modos distintos, a saber:

- As soluções (5,0,0), (0,5,0) e (0,0,5) representam uma única escolha: $C_{5,5} = \frac{5!}{5!} = 1$, pois todos os brinquedos distintos estarão em uma caixa e as outras duas caixas estarão vazias, assim: A, B, C, D, E / caixa vazia / caixa vazia;
- As soluções (0,1,4), (0,4,1), (1,0,4), (4,0,1), (1,4,0) e (4,1,0) representam um total de $C_{5,4} = \frac{5!}{4!} = 5$ escolhas (pois todos os brinquedos são distintos), tais que será preciso escolher um brinquedo por vez para colocar em uma das caixas, enquanto uma caixa fica vazia e, em outra caixa estarão os quatro brinquedos restantes. Logo, há as seguintes distribuições: A /

B, C, D, E / caixa vazia, B / A, C, D, E / caixa vazia, C / A, B, D, E / caixa vazia, D / A, B, C, E / caixa vazia, e A / E, B, C, D / caixa vazia;

- As soluções (0,2,3), (0,3,2), (2,0,3), (3,0,2), (2,3,0) e (3,2,0) representam um total de $C_{5,3}$ x $C_{2,2}$ = $\frac{5!}{3!x\ 2!}$ = 10 escolhas (pois todos os brinquedos são distintos), tais que será preciso escolher três brinquedos por vez para colocar em uma das caixas, enquanto uma caixa fica vazia e, em outra caixa estarão os dois brinquedos restantes. Logo, há as seguintes distribuições: A, B / C, D, E / caixa vazia, A, C / B, D, E / caixa vazia, A, D / B, C, D / caixa vazia, A, E / B, C, D / caixa vazia, B, C / A, D, E / caixa vazia, B, D / A, C, E / caixa vazia, B, E / A, C, D / caixa vazia, C, D / A, B, E / caixa vazia, C, E / A, B, C / caixa vazia e D, E / A, B, C / caixa vazia;
- As soluções (1,1,3), (1,3,1), (3,1,1) representam um total de $\frac{C_{5,1}\ \text{x}\ C_{4,1}\ \text{x}\ C_{3,3}}{2!} = \frac{C_{5,1}\ \text{x}\ C_{4,3}\ \text{x}\ C_{1,1}}{2!} = \frac{C_{5,3}\ \text{x}\ C_{2,1}\ \text{x}\ C_{1,1}}{2!} = \frac{5!}{3!x\ 2!}$ = 10 escolhas (pois todos os brinquedos são distintos, e embora as caixas sejam iguais, ao se aplicar o princípio multiplicativo via indicação da multiplicação se está escolhendo um brinquedo para colocar em uma das caixas e, para esse brinquedo escolhido, se escolhe em seguida outro brinquedo para colocar em outra caixa enquanto os três brinquedos restantes ficarão na outra caixa. Mas, por exemplo, ao escolher o brinquedo A e em seguida escolher o brinquedo B, os dois brinquedos escolhidos representam a mesma escolha de ter escolhido o brinquedo B e, em seguida, escolher o brinquedo A, pois eles serão colocados em caixas iguais. Daí, há necessidade de desfazer essa ordenação dividindo o total por P_2 = 2!. Logo, as dez distribuições possíveis são as seguintes: A / B / C, D, E; A / C / B, D, E; A / D / B, C, D; A / E / B, C, D; B / C / A, D, E; B / D / A, C, E; B / E / A, C, D; C / D / A, B, E; C / E / A, B, C e D / E / A, B, C;
- As soluções (1,2,2), (2,1,2) e (2,2,1) representam um total de $\frac{C_{5,1}\ \text{x}\ C_{4,2}\ \text{x}\ C_{2,2}}{2!} = \frac{C_{5,2}\ \text{x}\ C_{3,1}\ \text{x}\ C_{2,2}}{2!} = \frac{C_{5,2}\ \text{x}\ C_{3,2}\ \text{x}\ C_{1,1}}{2!} = \frac{5!}{2!x\ 2!x\ 2!}$ = 15 escolhas [o 2! por conta dos dois brinquedos escolhidos, o 2! por conta dos outros dois brinquedos escolhidos e o outro 2! por conta de igual número de grupamentos com dois brinquedos cada], pois todos os brinquedos são distintos e embora as caixas sejam iguais, ao se aplicar o princípio multiplicativo via indicação da multiplicação se está escolhendo um objeto para colocar em uma das caixas e para cada objeto escolhido se escolhe em seguida dois outros objetos para colocar em outra caixa, enquanto os dois objetos restantes ficarão na outra caixa.

Logo, há as seguintes distribuições: A / B, C / D, E; A / B, D / C, E; A / B, E / C, D; A / C, D / B, E; A / C, E / B, D; A / D, E / B, C; B / A, C / D, E; B / A, D / C, E; B / A, E / C, D; C / A, B / D, E; C / A, D / B, E; C / A, E / B, D; D / A, B / C, E; D / A, C / B, E; D / A, E / B, C.

Portanto, há $C_{5,5}$ + $C_{5,4}$ + $C_{5,3}$ x $C_{2,2}$ + $\frac{C_{5,1} \text{ x } C_{4,1} \text{ x } C_{3,3}}{2!}$ + $\frac{C_{5,1} \text{ x } C_{4,2} \text{ x } C_{2,2}}{2!} = =$ $\frac{5!}{5!}$ + $\frac{5!}{4!}$ + $\frac{5!}{3!x\ 2!}$ + $\frac{5!}{3!x\ 2!}$ + $\frac{5!}{2!x\ 2!x\ 2!}$ = 1 + 5 + 10 + 10 + 15 = 41 modos de distribuir 5 brinquedos distintos em 2 caixas iguais.

Exemplo 55: De quantos modos podemos distribuir seis brinquedos diferentes em três caixas iguais?

A quantidade de soluções em inteiros não negativos da equação x + y + z = 6 é $CR_3^6 = C_{6+3-1}^6 = \frac{8!}{6!\ x\ 2!} = 28$ soluções.

- A escolha de seis brinquedos por vez representa uma única possibilidade de escolha: $C_{6,6}$ = $\frac{6!}{6!}$ = 1, pois todos os brinquedos distintos estarão em uma caixa e as outras duas caixas ficarão vazias: A, B, C, D, E, F / caixa vazia / caixa vazia;
- A escolha de cinco brinquedos por vez representa um total de $C_{6,5}$ = $\frac{6!}{5!}$ = 6 modos distintos de escolha, pois todos os cinco brinquedos distintos estarão em uma caixa, o outro brinquedo será colocado em outra caixa, e a caixa restante ficará vazia. Uma representação possível é a seguinte: A, B, C, D, F / E / caixa vazia;
- A escolha de quatro brinquedos por vez representa um total de $C_{6,4}$ = 15 modos distintos, pois todos os quatro brinquedos distintos estarão em uma caixa, mas há duas possibilidades distintas para distribuir os outros dois brinquedos: ou os dois brinquedos ficam juntos em uma mesma caixa ou cada um dos brinquedos são colocados nas duas caixas restantes. Assim, aplicando o princípio multiplicativo, há um total de $C_{6,4}$ x $C_{2,2}$ + $C_{6,4}$ x $\frac{C_{2,1}\ x\ C_{1,1}}{2!} = \frac{6!}{4!\ x\ 2!} + \frac{6!}{4!x\ 2!}$= 15 + 15 = 30 modos distintos. Duas possíveis representações são as seguintes: A, B, D, F / E, C / caixa vazia ou A, E, D, F / C / B;
- A escolha de três brinquedos por vez representa um total de $C_{6,3}$ = 20 modos distintos, pois todos os três brinquedos distintos estarão em uma caixa e há duas possibilidades distintas para distribuir os outros três brinquedos: ou os três brinquedos ficam juntos em uma mesma caixa ou um dos brinquedos fica em uma e na outra caixa ficam dois

brinquedos, já que só há três caixas disponíveis para armazenar os brinquedos. Assim, aplicando o princípio multiplicativo, há um total de $\frac{C6{,}3 \text{ x } C_{3,3}}{2!}$ + $C_{6,3}$ x $C_{3,2}$ x $C_{1,1}$ = $\frac{6!}{3!\, x\, 3!x\, 2!}$ + $\frac{6!}{3!\, x\, 2!}$ = 10 + 60 = 70 modos distintos. Duas possíveis representações são as seguintes: A, B, D / E, C, F / caixa vazia ou A, D, F / C, E / B;

- A escolha de dois brinquedos por vez representa um total de $C_{6,2}$ = 10 modos distintos, pois nessa distribuição dois dos seis brinquedos distintos estarão em uma caixa, outros dois dos quatro brinquedos restantes ficam em outra caixa e uma terceira caixa acomoda os dois brinquedos que sobram, já que só há três caixas disponíveis para armazenar os brinquedos. Observe que a possibilidade de uma caixa armazenar três brinquedos e a outra caixa acomodar um brinquedo, já foi computada no item anterior. Assim, aplicando o princípio multiplicativo, há um total de $\frac{C_{6,2}\, x\, C_{4,2}\, x\, C_{2,2}}{3!}$ = $\frac{6!}{2!x\, 2!x\, 2!x\, 3!}$ = 15 modos distintos. Uma possível representação: A, D / C, E / B, F.

Portanto, há $C_{6,6}$ + $C_{6,5}$ + $C_{6,4}$ x $C_{2,2}$ + $C_{6,4}$ x $\frac{C_{2,1}\, x\, C_{1,1}}{2!}$ + $\frac{C6{,}3 \text{ x } C_{3,3}}{2!}$ + $C_{6,3}$ x $C_{3,2}$x $C_{1,1}$ + $\frac{C_{6,2}\, x\, C_{4,2}\, x\, C_{2,2}}{3!}$ = $\frac{6!}{6!}$ + $\frac{6!}{5!}$ + $\frac{6!}{4!\, x\, 2!}$ + $\frac{6!}{4!x\, 2!}$ + $\frac{6!}{3!\, x\, 3!x\, 2!}$ + $\frac{6!}{3!\, x\, 2!}$ + $\frac{6!}{2!x\, 2!x\, 2!x\, 3!}$ = 1 + 6 + 15 + 15 + 10 + 60 + 15 = 122 modos de distribuir seis brinquedos distintos em três caixas iguais.

Vamos aproveitar o exemplo acima para explorar mais alguns problemas desse tipo (quantidade de caixas iguais disponíveis em menor ou igual número de objetos distintos a serem distribuídos por elas), conforme a seguir:

1. Seis brinquedos distintos para serem distribuídos por duas caixas iguais:

Total de possibilidades: $C_{6,6}$ (todos os seis brinquedos em uma caixa: A, B, C, D, E, F/ caixa vazia) + $C_{6,5}$ (cinco brinquedos em uma caixa e o outro brinquedo na outra caixa: A, B, C, E, F/ D) + $C_{6,4}$ x $C_{2,2}$ (quatro brinquedos em uma caixa e dois brinquedos na outra caixa: A, B, C, E / D, F) + $\frac{C6{,}3 \text{ x } C_{3,3}}{2!}$ (três brinquedos em uma caixa e três brinquedos na outra caixa: A,C,E / D,F,B) = $\frac{6!}{6!}$ + $\frac{6!}{5!}$ + $\frac{6!}{4!x\, 2!}$ + $\frac{6!}{3!x\, 3!x\, 2!}$ = 1 + 6 + 15 + 10 = 32.

2. Seis brinquedos distintos para serem distribuídos por três caixas iguais:
Total de possibilidades: $C_{6,6}$ (todos os seis brinquedos em uma caixa: A, B, C, D, E, F / caixa vazia / caixa vazia) + $C_{6,5}$ (cinco brinquedos em uma caixa e o outro brinquedo em outra caixa: A, B, C,

E, F/ D / caixa vazia) + $C_{6,4}$ x $C_{2,2}$ (quatro brinquedos em uma caixa e dois brinquedos em outra caixa: A, B, C, E / D, F / caixa vazia) + $C_{6,4}$ x $\frac{C_{2,1} \, x \, C_{1,1}}{2!}$ (quatro brinquedos em uma caixa, um brinquedo em outra caixa e outro brinquedo em outra caixa: A, B, C, E / D / F) + $\frac{C6,3 \text{ x } C_{3,3}}{2!}$ (três brinquedos em uma caixa e três brinquedos em outra caixa: A, C, E / D, F, B / caixa vazia) + $C_{6,3}$ x $C_{3,2}$ x $C_{1,1}$ (três brinquedos em uma caixa, dois brinquedos em outra caixa e o brinquedo restante em outra caixa: A, C, E / D, F / B) + $\frac{C_{6,2} \, x \, C_{4,2} \, x \, C_{2,2}}{3!}$ (dois brinquedos em uma caixa, dois brinquedos em outra caixa e os dois brinquedos restantes em outra caixa: A, C / D, F / B, E) = $\frac{6!}{6!} + \frac{6!}{5!} + \frac{6!}{4! x \, 2!} + \frac{6!}{4! x \, 2!} + \frac{6!}{3! x \, 3! x \, 2!} + \frac{6!}{3! x \, 2!} + \frac{6!}{2! x \, 2! x \, 2! x \, 3!} + \frac{6!}{3! x \, 3!} + \frac{6!}{2! x \, 2! x \, 2! x \, 2!}$ = 1 + 6 + 15 + 15 + 10 + 60 + 15 = 122.

3. Seis brinquedos distintos para serem distribuídos por quatro caixas iguais:

Total de possibilidades: $C_{6,6}$ (todos os seis brinquedos em uma caixa: A, B, C, D, E, F / caixa vazia / caixa vazia / caixa vazia) + $C_{6,5}$ (cinco brinquedos em uma caixa e o outro brinquedo em outra caixa: A, B, C, E, F/ D / caixa vazia/ caixa vazia) + $C_{6,4}$ x $C_{2,2}$ (quatro brinquedos em uma caixa e dois brinquedos em outra caixa: A, B, C, E / D, F / caixa vazia / caixa vazia) + $C_{6,4}$ x $\frac{C_{2,1} \, x \, C_{1,1}}{2!}$ (quatro brinquedos em uma caixa, um brinquedo em outra caixa e outro brinquedo em outra caixa: A, B, C, E / D / F / caixa vazia) + $\frac{C6,3 \text{ x } C_{3,3}}{2!}$ (três brinquedos em uma caixa e três brinquedos em outra caixa: A, C, E / D, F, B / caixa vazia / caixa vazia) + $C_{6,3}$ x $C_{3,2}$ x $C_{1,1}$ (três brinquedos em uma caixa, dois brinquedos em outra caixa e o brinquedo restante em outra caixa: A, C, E / D, F / B / caixa vazia) + $\frac{C6,3 \text{ x } C_{3,1} \text{ x } C_{2,1} \text{ x } C_{1,1}}{3!}$ (três brinquedos em uma caixa, um brinquedo em uma caixa, outro brinquedo em uma caixa e o brinquedo restante em outra caixa: A, C, E / D / F / B) + $\frac{C_{6,2} \, x \, C_{4,2} \, x \, C_{2,2}}{3!}$ (dois brinquedos em uma caixa, dois brinquedos em outra caixa e os dois brinquedos restantes em outra caixa: A, C / D, F / B, E / caixa vazia) + $\frac{C_{6,2} \, x \, C_{4,2} \, x \, C_{2,1} \, x \, C_{1,1}}{2! x \, 2!}$ (dois brinquedos em uma caixa, dois brinquedos em outra caixa, um brinquedo em outra caixa, um brinquedo em outra caixa: A, C / D, F / B / E) = $\frac{6!}{6!} + \frac{6!}{5!} + \frac{6!}{4! x \, 2!} + \frac{6!}{4! x \, 2!} + \frac{6!}{3! x \, 3! x \, 2!} + \frac{6!}{3! x \, 2!} + \frac{6!}{2! x \, 2! x \, 2! x \, 3!} + \frac{6!}{3! x \, 3!} + \frac{6!}{2! x \, 2! x \, 2! x \, 2!}$ = 1 + 6 + 15 + 15 + 10 + 60 + 15 + 20 + 45 = 187.

4. Seis brinquedos distintos para serem distribuídos por cinco caixas iguais:

Total de possibilidades: $C_{6,6}$ (todos os seis brinquedos em uma caixa: A, B, C, D, E, F / caixa vazia / caixa vazia / caixa vazia / caixa vazia) + $C_{6,5}$ (cinco brinquedos em uma caixa e o outro brinquedo em outra caixa: A, B, C, E, F/ D / caixa vazia/ caixa vazia / caixa vazia) + $C_{6,4}$ x $C_{2,2}$ (quatro brinquedos em uma caixa e dois brinquedos em outra caixa: A, B, C, E / D, F / caixa vazia / caixa vazia / caixa vazia) + $C_{6,4}$ x $\frac{C_{2,1}\ x\ C_{1,1}}{2!}$ (quatro brinquedos em uma caixa, um brinquedo em outra caixa e outro brinquedo em outra caixa: A, B, C, E / D / F / caixa vazia / caixa vazia) + $\frac{C6,3\ x\ C_{3,3}}{2!}$ (três brinquedos em uma caixa e três brinquedos em outra caixa: A, C, E / D, F, B / caixa vazia / caixa vazia / caixa vazia) + $C_{6,3}$ x $C_{3,2}$ x $C_{1,1}$ (três brinquedos em uma caixa, dois brinquedos em outra caixa e o brinquedo restante em outra caixa: A, C, E / D, F / B / caixa vazia / caixa vazia) + $\frac{C6,3\ x\ C_{3,1}\ x\ C_{2,1}\ x\ C_{1,1}}{3!}$ (três brinquedos em uma caixa, um brinquedo em uma caixa, outro brinquedo em uma caixa e o brinquedo restante em outra caixa: A, C, E / D / F / B / caixa vazia) + $\frac{C_{6,2}\ x\ C_{4,2}\ x\ C_{2,2}}{3!}$ (dois brinquedos em uma caixa, dois brinquedos em outra caixa e os dois brinquedos restantes em outra caixa: A, C / D, F / B, E / caixa vazia / caixa vazia) + $\frac{C_{6,2}\ x\ C_{4,2}\ x\ C_{2,1}\ x\ C_{1,1}}{2!x\ 2!}$ (dois brinquedos em uma caixa, dois brinquedos em outra caixa, um brinquedo em outra caixa, um brinquedo em outra caixa: A, C / D, F / B / E / caixa vazia) + $\frac{C_{6,2}\ x\ C_{4,1}\ x\ C_{3,1}\ x\ C_{2,1}\ x\ C_{1,1}}{4!}$ (dois brinquedos em uma caixa, um brinquedo em outra caixa, um brinquedo em outra caixa, um brinquedo em outra caixa e o brinquedo restante em outra caixa: A, C / D / B / E / F) = $\frac{6!}{6!}$ + $\frac{6!}{5!}$ + $\frac{6!}{4!x\ 2!}$ + $\frac{6!}{4!x\ 2!}$ + $\frac{6!}{3!x\ 3!x\ 2!}$ + $\frac{6!}{3!x\ 2!}$ + $\frac{6!}{2!x\ 2!x\ 2!x\ 3!}$ + $\frac{6!}{3!x\ 3!}$ + $\frac{6!}{2!x\ 2!x\ 2!x\ 2!}$ + $\frac{6!}{2!\ x\ 4!}$ = 1 + 6 + 15 + 15 + 10 + 60 + 15 + 20 + 45 + 15 = 202.

5. Seis brinquedos distintos para serem distribuídos por seis caixas iguais:
Total de possibilidades: $C_{6,6}$ (todos os seis brinquedos em uma caixa: A, B, C, D, E, F / caixa vazia / caixa vazia / caixa vazia / caixa vazia / caixa vazia) + $C_{6,5}$ (cinco brinquedos em uma caixa e o outro brinquedo em outra caixa: A, B, C, E, F/ D / caixa vazia/ caixa vazia / caixa vazia / caixa vazia) + $C_{6,4}$ x $C_{2,2}$ (quatro brinquedos em uma caixa e dois brinquedos em outra caixa: A, B, C, E / D, F / caixa vazia / caixa vazia / caixa vazia / caixa vazia) + $C_{6,4}$ x $\frac{C_{2,1}\ x\ C_{1,1}}{2!}$ (quatro brinquedos em uma caixa, um brinquedo em outra caixa e outro brinquedo em outra caixa: A, B, C, E / D / F / caixa vazia / caixa vazia / caixa vazia) + $\frac{C6,3\ x\ C_{3,3}}{2!}$ (três brinquedos em uma caixa e três brinquedos em outra caixa: A, C, E / D, F, B / caixa vazia / caixa vazia / caixa vazia / caixa vazia) + $C_{6,3}$ x $C_{3,2}$ x $C_{1,1}$ (três brinquedos em uma caixa, dois brinquedos em outra caixa e o brinquedo restante em outra caixa: A, C, E / D, F / B / caixa vazia / caixa vazia / caixa vazia) + $\frac{C6,3\ x\ C_{3,1}\ x\ C_{2,1}\ x\ C_{1,1}}{3!}$ (três brinquedos em uma caixa, um brinquedo em uma caixa, outro brinquedo em uma caixa e o brinquedo restante em outra caixa: A, C, E / D / F / B / caixa vazia / caixa vazia) + $\frac{C_{6,2}\ x\ C_{4,2}\ x\ C_{2,2}}{3!}$

(dois brinquedos em uma caixa, dois brinquedos em outra caixa e os dois brinquedos restantes em outra caixa: A, C / D, F / B, E / caixa vazia / caixa vazia / caixa vazia) + $\frac{C_{6,2} \, x \, C_{4,2} \, x \, C_{2,1} \, x \, C_{1,1}}{2! x \, 2!}$ (dois brinquedos em uma caixa, dois brinquedos em outra caixa, um brinquedo em outra caixa, um brinquedo em outra caixa: A, C / D, F / B / E / caixa vazia / caixa vazia) + $\frac{C_{6,2} \, x \, C_{4,1} \, x \, C_{3,1} \, x \, C_{2,1} \, x \, C_{1,1}}{4!}$ (dois brinquedos em uma caixa, um brinquedo em outra caixa, um brinquedo em outra caixa, um brinquedo em outra caixa e o brinquedo restante em outra caixa: A, C / D / B / E / F / caixa vazia) + $\frac{C_{6,1} \, x \, C_{5,1} \, x \, C_{4,1} \, x \, C_{3,1} \, x \, C_{2,1} \, x \, C_{1,1}}{6!}$ (um brinquedo em uma caixa, um brinquedo em outra caixa, um brinquedo em outra caixa, um brinquedo em outra caixa, um brinquedo em outra caixa e o brinquedo restante na caixa restante: A / D / B / E / F / C) = $\frac{6!}{6!} + \frac{6!}{5!} + \frac{6!}{4! x \, 2!} + \frac{6!}{4! x \, 2!} + \frac{6!}{3! x \, 3! x \, 2!} + \frac{6!}{3! x \, 2!} + \frac{6!}{2! x \, 2! x \, 2! x \, 3!} + \frac{6!}{3! x \, 3!} + \frac{6!}{2! x \, 2! x \, 2! x \, 2!} + \frac{6!}{2! \, x \, 4!} + \frac{6!}{6!}$ = 1 + 6 + 15 + 15 + 10 + 60 + 15 + 20 + 45 + 15 + 1 = 203.

6. Seis brinquedos distintos para serem distribuídos por sete caixas iguais:
Total de possibilidades: $C_{6,6}$ (todos os seis brinquedos em uma caixa: A, B, C, D, E, F / caixa vazia / caixa vazia / caixa vazia / caixa vazia / caixa vazia / caixa vazia) + $C_{6,5}$ (cinco brinquedos em uma caixa e o outro brinquedo em outra caixa: A, B, C, E, F/ D / caixa vazia/ caixa vazia / caixa vazia / caixa vazia / caixa vazia) + $C_{6,4}$ x $C_{2,2}$ (quatro brinquedos em uma caixa e dois brinquedos em outra caixa: A, B, C, E / D, F / caixa vazia / caixa vazia / caixa vazia / caixa vazia / caixa vazia) + $C_{6,4}$ x $\frac{C_{2,1} \, x \, C_{1,1}}{2!}$ (quatro brinquedos em uma caixa, um brinquedo em outra caixa e outro brinquedo em outra caixa: A, B, C, E / D / F / caixa vazia / caixa vazia / caixa vazia / caixa vazia) + $\frac{C6,3 \text{ x } C_{3,3}}{2!}$ (três brinquedos em uma caixa e três brinquedos em outra caixa: A, C, E / D, F, B / caixa vazia / caixa vazia / caixa vazia / caixa vazia / caixa vazia) + $C_{6,3}$ x $C_{3,2}$ x $C_{1,1}$ (três brinquedos em uma caixa, dois brinquedos em outra caixa e o brinquedo restante, em outra caixa: A, C, E / D, F / B / caixa vazia / caixa vazia / caixa vazia / caixa vazia) + $\frac{C6,3 \text{ x } C_{3,1} \text{ x } C_{2,1} \text{ x } C_{1,1}}{3!}$ (três brinquedos em uma caixa, um brinquedo em uma caixa, outro brinquedo em uma caixa e o brinquedo que sobra, na caixa restante: A, C, E / D / F / B / caixa vazia / caixa vazia / caixa vazia) + $\frac{C_{6,2} \, x \, C_{4,2} \, x \, C_{2,2}}{3!}$ (dois brinquedos em uma caixa, dois brinquedos em outra caixa e os dois brinquedos restantes em outra caixa: A, C / D, F / B, E / caixa vazia / caixa vazia / caixa vazia / caixa vazia) + $\frac{C_{6,2} \, x \, C_{4,2} \, x \, C_{2,1} \, x \, C_{1,1}}{2! x \, 2!}$ (dois brinquedos em uma caixa, dois brinquedos em outra caixa, um brinquedo em outra caixa, um brinquedo em outra caixa: A, C / B, D / caixa vazia / E / F / caixa vazia / caixa

vazia) + $\frac{C_{6,2}\ x\ C_{4,1}\ x\ C_{3,1}\ x\ C_{2,1}\ x\ C_{1,1}}{4!}$ (dois brinquedos em uma caixa, um brinquedo em outra caixa, um brinquedo em outra caixa, um brinquedo em outra caixa e um brinquedo restante em outra caixa: A, C / D / B / E / F / caixa vazia / caixa vazia) + $\frac{C_{6,1}\ x\ C_{5,1}\ x\ C_{4,1}\ x\ C_{3,1}\ x\ C_{2,1}\ \ x\ C_{1,1}}{6!}$ (um brinquedo em uma caixa, um brinquedo em outra caixa, um brinquedo em outra caixa, um brinquedo em outra caixa, um brinquedo em outra caixa e o brinquedo restante em outra caixa: A / D / B / E / F / C / caixa vazia) = $\frac{6!}{6!}$ + $\frac{6!}{5!}$ + $\frac{6!}{4!x\ 2!}$ + $\frac{6!}{4!x\ 2!}$ + $\frac{6!}{3!x\ 3!x\ 2!}$ + $\frac{6!}{3!x\ 2!}$ + $\frac{6!}{3!x\ 3!}$ + $\frac{6!}{2!x\ 2!x\ 2!x\ 3!}$ + $\frac{6!}{2!x\ 2!x\ 2!x\ 2!}$ + $\frac{6!}{2!\ x\ 4!}$ + $\frac{6!}{6!}$ = 1 + 6 + 15 + 15 + 10 + 60 + 15 + 20 + 45 + 15 + 1 = 203 possibilidades distintas de distribuição de seis brinquedos distintos por entre sete caixas exatamente iguais.

Observe que quando há seis caixas iguais disponíveis para a distribuição de seis brinquedos, o quantitativo de possibilidades é o mesmo que quando há sete caixas iguais disponíveis.
Na verdade, distribuir ***m*** objetos distintos por ***p*** caixas exatamente iguais, quando ***p*** é maior que ou igual a ***m***, é o mesmo quantitativo de possibilidades quando a quantidade de objetos for igual à quantidade de caixas iguais.

Observe, também, que a distribuição de brinquedos (ou quaisquer objetos) distintos por caixas iguais cria embaraço apenas quando a quantidade de caixas é menor que a quantidade de brinquedos - limitando a distribuição dos brinquedos pelas caixas até que algumas caixas contenham um brinquedo cada, e não haja caixa alguma vazia. Por sua vez, essa limitação acarreta a não permissibilidade de colocar 1 (um) brinquedo em cada uma das caixas disponíveis, por exemplo.

O problema a seguir trata da distribuição de brinquedos distintos em caixas exatamente iguais, quando o quantitativo de brinquedos é menor que o quantitativo de caixas.

Exemplo 56: De quantos modos podemos distribuir três brinquedos diferentes em cinco caixas iguais?

A quantidade de soluções em inteiros não negativos da equação x + y + z + w + t = 3 é $CR_5^3 = C_{5+3-1}^3 = \frac{7!}{3!\ x\ 4!} = 35$ soluções. Mas para resolver o problema de distribuição dos 3 brinquedos diferentes em 5 caixas iguais essas 35 soluções estão em quantidade maior em relação à distribuição de brinquedos distintos por caixas iguais e, portanto, elas devem ser avaliadas de modos distintos.

- Ao considerar que os três brinquedos distintos foram tomados em conjunto, e que serão colocados em uma única caixa, com as demais quatro caixas restantes ficando vazias, indicamos essa única possibilidade por $C_{3,3}$ = 1. Podemos representar assim: A, B, C / caixa vazia / caixa vazia / caixa vazia / caixa vazia;
- Ao considerar as escolhas distintas de dois brinquedos por vez em conjunto - os quais serão colocados em uma única caixa – há que considerar que o brinquedo restante será colocado em uma das quatro caixas restantes e as demais três caixas ficarão vazias. Assim, indicamos e computamos todas essas possibilidades por $C_{3,2}$ x $C_{1,1}$ = 3. Podemos representar, por exemplo, duas das possibilidades assim: A, B / caixa vazia / caixa vazia / C / caixa vazia ou B, C / caixa vazia / A / caixa vazia / caixa vazia;
- Ao considerar as escolhas de um brinquedo por vez - uma a uma - e colocar cada brinquedo em uma caixa, há que levar em conta o fato de as caixas serem iguais e, assim, tais ações dão conta de haver uma única possibilidade para se fazer tal distribuição. Assim, indicamos e computamos essa única possibilidade por $\frac{C_{3,1}\, x\, C_{2,1}\, x\, C_{1,1}}{3!}$ = 1. Podemos representar essa possibilidade, por exemplo, assim: B / C / A / caixa vazia / caixa vazia.

Assim, há um total de $C_{3,3}$ + $C_{3,2}$ x $C_{1,1}$ + $\frac{C_{3,1}\, x\, C_{2,1}\, x\, C_{1,1}}{3!}$ = 1 + 3 + 1 = 5 modos possíveis de distribuir três brinquedos distintos por entre cinco caixas iguais.

Exemplo 57: De quantos modos podemos distribuir oito brinquedos diferentes em cinco caixas iguais?

A quantidade de soluções em inteiros não negativos da equação x + y + z + w + t = 8 é $CR_5^8 = C_{8+5-1}^8 \doteq \frac{12!}{8!\, x\, 4!} = 495$ soluções, mas em relação à distribuição de 8 brinquedos diferentes em 5 caixas iguais essa quantidade de soluções em inteiros não negativos está maior, e portanto, elas devem ser avaliadas de modos distintos. Devido à essa enorme quantidade de soluções, não vamos enumerá-las aqui.

O quadro a seguir mostra como deve ser feita a distribuição dos 8 brinquedos diferentes em função da quantidade de caixas vazias, ou não haver caixas vazias:

uma caixa fica sem brinquedos	duas caixas ficam sem brinquedos	três caixas ficam sem brinquedos	quatro caixas ficam sem brinquedos	nenhuma caixa fica sem brinquedos
0, 1,1,1 e 5	0, 0,1,1 e 6	0,0,0,1 e 7	0,0,0,0 e 8	1,1,1,1 e 4
0, 1,1,2 e 4	0, 0,2,2 e 4	0,0,0,2 e 6		1,1,1,2 e 3
0, 1,2,2 e 3	0, 0,2,3 e 3	0,0,0,3 e 5		1,1,2,2 e 2
0, 1,1,3 e 3	0,0,1,2 e 5	0,0,0,4 e 4		
0, 2,2,2 e 2	0,0,1,3 e 4			
Subtotal: 5	Subtotal: 5	Subtotal: 4	Subtotal: 1	Subtotal: 3

Total: 18 possibilidades de distribuição

Assim:

- As soluções (0,1,1,1,5), (1,0,5,1,1), (5,1,1,1,0), por exemplo, da equação x + y + z + w + t = 8, representam $\frac{C_{8,5} \text{ x } C_{3,1} \text{ x } C_{2,1} \text{ x } C_{1,1}}{3!} = \frac{8!}{5! \text{ x } 3!} = 56$ escolhas distintas referentes à uma mesma distribuição de 8 brinquedos distintos por 5 caixas iguais, qual seja: um brinquedo fica em uma caixa, outro brinquedo fica em uma caixa, um terceiro brinquedo fica em outra caixa, os outros 5 brinquedos restantes ficam em uma caixa, e a outra caixa fica vazia;
- As soluções (0,1,1,2,4), (0,4,1,1,2), (1,1,0,4,2) e (4,1,1,2,0), por exemplo, representam $\frac{C_{8,4} \text{ x } C_{4,2} \text{ x } C_{2,1} \text{ x } C_{1,1}}{2!} = \frac{8!}{4! \text{ x } 2! \text{ x } 2!} = 420$ escolhas distintas referentes à uma mesma distribuição de 8 brinquedos distintos por 5 caixas iguais, qual seja: um brinquedo fica em um caixa, outro brinquedo fica em uma caixa, dois brinquedos ficam em outra caixa, os 4 brinquedos restantes ficam em uma caixa, e a outra caixa fica vazia;
- As soluções (0,1,1,3,3), (1,1,0,3,3), (3,1,1,3,0), por exemplo, representam $\frac{C_{8,3} \text{ x } C_{5,3} \text{ x } C_{2,1} \text{ x } C_{1,1}}{2! \text{x } 2!} = \frac{8!}{3! \text{ x } 3! \text{x } 2! \text{x } 2!} = 280$ escolhas distintas referentes à uma mesma distribuição de 8 brinquedos distintos por 5 caixas iguais, qual seja: um brinquedo fica em uma caixa, outro brinquedo fica em outra caixa, três brinquedos ficam em outra caixa, os outros 3 brinquedos restantes ficam em uma outra caixa, e a outra caixa fica vazia;
- As soluções (0,1,2,2,3), (0,3,1,2,2), (1,2,0,3,2) e (3,1,2,2,0), por exemplo, representam $\frac{C_{8,3} \text{ x } C_{5,2} \text{ x } C_{3,2} \text{ x } C_{1,1}}{2!} = \frac{8!}{3! \text{ x } 2! \text{ x } 2! \text{x } 2!} = 840$ escolhas distintas referentes à uma mesma distribuição de 8 brinquedos distintos por 5 caixas iguais, qual seja: um brinquedo fica em

um caixa, dois brinquedos ficam em uma caixa, outros dois brinquedos ficam em outra caixa, os outros três brinquedos restantes ficam em uma caixa, e a outra caixa fica vazia;

- As soluções (0,2,2,2,2), (2,0,2,2,2), (2,2,0,2,2), (2,2,2,0,2), (2,2,2,2,0) representam $\frac{C_{8,2} x\ C_{6,2}\ x\ C_{4,2}\ x\ C_{2,2}}{4!}$ = $\frac{8!}{2! x\ 2! x\ 2! x\ 2! x\ 4!}$ = 105 escolhas distintas referentes à uma mesma distribuição de 8 brinquedos distintos por 5 caixas iguais, qual seja: dois brinquedos ficam em um caixa, outros dois brinquedos ficam em outra caixa, outros dois brinquedos ficam em outra caixa, os outros dois brinquedos restantes ficam em uma caixa, e a outra caixa fica vazia;
- As soluções (0,1,1,0,6), (1,0,6,1,0), (6,0,1,1,0), por exemplo, da equação x + y + z + w + t = 8, representam $\frac{C_{8,6}\ x\ C_{2,1}\ x\ C_{1,1}}{2!}$ = $\frac{8!}{6!\ x\ 2!}$ = 28 escolhas distintas referentes à uma mesma distribuição de 8 brinquedos distintos por 5 caixas iguais, qual seja: um brinquedo fica em um caixa, outro brinquedo fica em um caixa, os seis brinquedos restantes ficam em outra caixa, e duas caixas ficam vazias;
- As soluções (0,1,2,0,5), (2,0,5,1,0), (5,0,1,2,0), por exemplo, da equação x + y + z + w + t = 8, representam $C_{8,5}\ x\ C_{3,2}\ x\ C_{1,1} = 168$ escolhas distintas referentes à uma mesma distribuição de 8 brinquedos distintos por 5 caixas iguais, qual seja: um brinquedo fica em um caixa, dois brinquedos ficam em outra caixa, os cinco brinquedos restantes ficam em outra caixa, e duas caixas ficam vazias;
- As soluções (0,1,3,0,4), (3,0,4,1,0), (4,0,1,3,0), por exemplo, da equação x + y + z + w + t = 8, representam $C_{8,4}$ x $C_{4,3}$ x $C_{1,1}$ = $\frac{8!}{4!\ x\ 3!\ x\ 2!\ x\ 2!}$ = 280 escolhas distintas referentes à uma mesma distribuição de 8 brinquedos distintos por 5 caixas iguais, qual seja: um brinquedo fica em um caixa, três brinquedos ficam em outra caixa, quatro brinquedos restantes ficam em outra caixa, e duas caixas ficam vazias;
- As soluções (0,0,2,2,4), (4,0,0,2,2), (2,4,0,2,0), por exemplo, representam $\frac{C_{8,4}\ x\ C_{4,2}\ x\ C_{2,2}}{2!}$ = $\frac{8!}{4!\ x\ 2!\ x\ 2!\ x\ 2!}$ = 210 escolhas distintas referentes à uma mesma distribuição de 8 brinquedos distintos por 5 caixas iguais, qual seja: dois brinquedos ficam em uma caixa, outros dois brinquedos ficam em outra caixa, quatro brinquedos restantes ficam em uma caixa, e duas caixas ficam vazias;
- As soluções (0,0,2,3,3), (3,0,0,2,3), (3,3,0,2,0), por exemplo, representam $\frac{C_{8,3}\ x\ C_{5,3}\ x\ C_{2,2}}{2!}$ = $\frac{8!}{3!\ x\ 3!\ x\ 2!}$ = 560 escolhas distintas referentes à uma mesma distribuição de 8 brinquedos distintos por 5 caixas iguais, qual seja: dois brinquedos ficam em uma caixa, três

brinquedos ficam em outra caixa, outros três brinquedos restantes ficam em uma caixa, e duas caixas ficam vazias;

- As soluções (0,0,1,0,7), (0,0,7,1,0), (0,0,1,7,0), por exemplo, da equação x + y + z + w + t = 8, representam $C_{8,7}\ x\ C_{1,1} = \frac{8!}{7!} = 8$ escolhas distintas referentes à uma mesma distribuição de 8 brinquedos distintos por 5 caixas iguais, qual seja: um brinquedo fica em um caixa, os outros sete brinquedos restantes ficam em outra caixa, e três caixas ficam vazias;
- As soluções (0,0,2,0,6), (0,0,6,2,0), (0,0,2,6,0), por exemplo, da equação x + y + z + w + t = 8, representam $C_{8,6}\ x\ C_{2,2} = \frac{8!}{6!\ x\ 2!} = 28$ escolhas distintas referentes à uma mesma distribuição de 8 brinquedos distintos por 5 caixas iguais, qual seja: dois brinquedos ficam em um caixa, os outros seis brinquedos restantes ficam em outra caixa, e três caixas ficam vazias;
- As soluções (0,0,3,0,5), (0,0,5,3,0), (0,0,3,5,0), por exemplo, da equação x + y + z + w + t = 8, representam $C_{8,5}\ x\ C_{3,3} = \frac{8!}{5!\ x\ 3!} = 56$ escolhas distintas referentes à uma mesma distribuição de 8 brinquedos distintos por 5 caixas iguais, qual seja: três brinquedos ficam em um caixa, os outros cinco brinquedos restantes ficam em outra caixa, e três caixas ficam vazias;
- As soluções (4,0,0,0,4), (0,0,4,4,0), (0,0,4,0,4), por exemplo, da equação x + y + z + w + t = 8, representam $\frac{C_{8,4}\ x\ C_{4,4}}{2!} = \frac{8!}{4!\ x\ 4!x\ 2!} = 35$ escolhas distintas referentes à uma mesma distribuição de 8 brinquedos distintos por 5 caixas iguais, qual seja: quatro brinquedos ficam em uma caixa, os outros quatro brinquedos restantes ficam em outra caixa, e três caixas ficam vazias;
- As soluções (8,0,0,0,0), (0,8,0,0,0), (0,0,8,0,0), (0,0,0,8,0) e (0,0,0,0,8) representam uma única escolha: C8,8 = $\frac{8!}{8}$ = 1, pois todos os brinquedos distintos estarão em uma caixa e as outras quatro caixas estarão vazias;
- As soluções (1,1,1,1,4), (1,1,4,1,1), (1,1,1,4,1), por exemplo, da equação x + y + z + w + t = 8, representam $\frac{C_{8,4}\ x\ C_{4,1}\ x\ C_{3,1}\ x\ C_{2,1}\ x\ C_{1,1}}{4!} = \frac{8!}{4!\ x\ 4!} = 70$ escolhas distintas referentes à uma mesma distribuição de 8 brinquedos distintos por 5 caixas iguais, qual seja: um brinquedo fica em um caixa, outro brinquedo fica em outro caixa, outro brinquedo fica em uma terceira caixa, outro brinquedo fica em uma quarta caixa, e os outros quatro brinquedos restantes ficam em outra caixa;

- As soluções (2,1,1,1,3), (1,1,3,1,2), (1,1,2,3,1), por exemplo, da equação x + y + z + w + t = 8, representam $\frac{C_{8,3}\ x\ C_{5,2}\ x\ C_{3,1}\ x\ C_{2,1}\ x\ C_{1,1}}{3!} = \frac{8!}{3!\ x\ 2!\ x\ 3!}$ = 560 escolhas distintas referentes à uma mesma distribuição de 8 brinquedos distintos por 5 caixas iguais, qual seja: um brinquedo fica em um caixa, outro brinquedo fica em outro caixa, outro brinquedo fica em uma terceira caixa, dois brinquedos ficam em uma quarta caixa, e outros três brinquedos restantes ficam em outra caixa;
- As soluções (2,1,1,2,2), (1,2,2,1,2), (1,1,2,2,2), por exemplo, da equação x + y + z + w + t = 8, representam $\frac{C_{8,2}\ x\ C_{6,2}\ x\ C_{4,2}\ x\ C_{2,1}\ x\ C_{1,1}}{3!x\ 2!} = \frac{8!}{2!\ x\ 2!\ x\ 2!x\ 3!x\ 2!}$ = 420 escolhas distintas referentes à uma mesma distribuição de 8 brinquedos distintos por 5 caixas iguais, qual seja: um brinquedo fica em uma caixa, outro brinquedo fica em outro caixa, dois brinquedos ficam em uma terceira caixa, dois brinquedos ficam em uma quarta caixa, e outros dois brinquedos restantes ficam em outra caixa.

Portanto, há = $\frac{8!}{5!\ x\ 3!} + \frac{8!}{4!\ x\ 2!\ x\ 2!} + \frac{8!}{3!\ x\ 3!x\ 2!x\ 2!} + \frac{8!}{3!\ x\ 2!\ x\ 2!x\ 2!} + \frac{8!}{2!x\ 2!x\ 2!x\ 2!x\ 4!} + \frac{8!}{6!\ x\ 2!} + \frac{8!}{5!\ x\ 2!} + \frac{8!}{4!\ x\ 3!\ x\ 2!\ x\ 2!}$ $+ \frac{8!}{4!\ x\ 2!\ x\ 2!\ x\ 2!} + \frac{8!}{3!\ x\ 3!\ x\ 2!} + \frac{8!}{7!} + \frac{8!}{6!\ x\ 2!} + \frac{8!}{5!\ x\ 3!} + \frac{8!}{4!\ x\ 4!x\ 2!} + \frac{8!}{8!} + \frac{8!}{4!\ x\ 4!} + \frac{8!}{3!\ x\ 2!\ x\ 3!} + \frac{8!}{2!\ x\ 2!\ x\ 2!x\ 3!x\ 2!} =$ 56 + 420 + 280 + 840 + 105 + 28 + 168 + 280 + 210 + 560 + 8 + 28 + 56 + 35 + 1 + 70 + 560 + 420 = 4125 maneiras distintas de distribuir oito brinquedos iguais por 5 caixas iguais, conforme mostrado acima. Observe que temos 18 parcelas, correspondentes às 18 possibilidades apresentadas no quadro anterior.

Observe que o que está em jogo nesse tipo de problema são as escolhas que devem ser feitas em relação aos distintos brinquedos, uma vez que o quantitativo de caixas maior que a quantidade de brinquedos disponíveis permite a colocação de um brinquedo em cada uma delas e, também, se leva em conta que cada caixa tem capacidade para armazenar todos os brinquedos disponíveis de uma só vez.

Podemos generalizar os procedimentos acima da seguinte forma: considerar ***m*** brinquedos distintos para serem colocados em ***p*** caixas iguais, tal que ***p*** é maior que ou igual a ***m***.

- Ao considerar que os ***m*** brinquedos distintos foram tomados em conjunto, e que serão colocados em uma única caixa com as demais ***m - 1*** caixas restantes ficando vazias, indicamos essa única possibilidade por $C_{m,m} = 1$;

- Ao considerar as escolhas distintas de ***m - 1*** brinquedos por vez em conjunto - os quais serão colocados em uma única caixa – há que considerar que o brinquedo restante será colocado em uma das ***m - 1*** caixas restantes e as demais ***m - 2*** caixas ficarão vazias. Assim, indicamos e computamos todas essas possibilidades por $C_{m,m-1} = m$;
- Ao considerar as escolhas distintas de ***m - 2*** brinquedos por vez em conjunto - os quais serão colocados em uma única caixa - em relação aos ***2*** brinquedos restantes há que levar em conta que cabem duas possibilidades: ou eles são selecionados em conjunto e colocados em uma única caixa ou cada um deles é colocado em uma caixa. Assim, aplicando o princípio multiplicativo, indicamos e computamos todas essas possibilidades por $C_{m,m-2} \times C_{2,2} + C_{m,m-2} \times \frac{C_{2,1} \, x \, C_{1,1}}{2!}$;
- Ao considerar as escolhas distintas de ***m - 3*** brinquedos por vez em conjunto - os quais serão colocados em uma única caixa - em relação aos ***3*** brinquedos restantes há que levar em conta que cabem apenas três possibilidades: ou os três brinquedos são selecionados e colocados em uma caixa, ou dois dos brinquedos são selecionados e colocados em uma caixa e o brinquedo restante colocado em outra caixa, ou cada um dos ***3*** brinquedos restantes é colocado em uma caixa. Assim, aplicando o princípio multiplicativo, indicamos e computamos todas essas possibilidades por $C_{m,m-3} \times \frac{C_{3,3}}{2!} + C_{m,m-3} \times C_{3,2} \times C_{1,1} + C_{m,m-3} \times \frac{C_{3,1} \, x \, C_{2,1} \, x \, C_{1,1}}{3!}$;
- ....
- Ao considerar as escolhas de um brinquedo por vez - uma a uma - e colocar cada brinquedo em uma caixa, há que levar em conta o fato de as caixas serem iguais e, assim, tais ações dão conta de haver uma única possibilidade para se fazer tal distribuição. Assim, indicamos e computamos essa única possibilidade por $\frac{C_{m,1} \, x \, C_{m-1,1} \, x \ldots\ldots \, x \, C_{1,1}}{m!} = 1$.
- Assim, há um total de $C_{m,m} + C_{m,m-1} + C_{m,m-2} \times C_{2,2} + C_{m,m-2} \times \frac{C_{2,1} \, x \, C_{1,1}}{2!} + C_{m,m-3} \times \frac{C_{3,3}}{2!} + C_{m,m-3} \times C_{3,2} \times C_{1,1} + C_{m,m-3} \times \frac{C_{3,1} \, x \, C_{2,1} \, x \, C_{1,1}}{3!} + \frac{C_{m,1} \, x \, C_{m-1,1} \, x \ldots\ldots \, x \, C_{1,1}}{m!}$ modos possíveis de distribuir ***m*** brinquedos distintos por ***p*** caixas iguais, ***p ≥ m.***

Portanto, as considerações relativas à distribuição de ***m*** brinquedos em ***p*** caixas, ***m*** menor que ou igual a ***p***, são as mesmas para as duas situações, relativas ao quantitativo de caixas iguais disponíveis.

Finalizando o capítulo, ressaltamos os propósitos de caracterizar uma combinação completa e a obtenção de um modo que permite calcular a totalidade de combinações completas de classe p de n objetos distintos tomados p a p, cuja propriedade central é a validade de ser possível fazer a escolha de um mesmo objeto mais que uma vez.

1.2 Problemas

Problema 10.1: De quantos modos é possível colocar cinco anéis diferentes em quatro dedos de uma mão?

Problema 10.2: De quantos modos é possível colocar seis anéis diferentes em quatro dedos de uma mão, cada dedo contendo pelo menos um anel?

Problema 10.3: De quantos modos é possível colocar seis anéis diferentes em dedos de uma mão, quatro dedos estão disponíveis, mas em dois dedos não devem ser colocados nenhum anel?

Problema 10.4: Quatro dedos de uma mão (exceto o polegar) estão disponíveis para a colocação de anéis, mas o dedo central da mão sempre deve conter mais anéis que os demais dedos. De quantos modos é possível colocar seis anéis diferentes em dedos dessa mão?

Problema 10.5: Quatro dedos de uma mão (exceto o polegar) estão disponíveis para a colocação de anéis, mas o dedo central da mão sempre deve conter mais anéis que os demais dedos e cada dedo deve conter pelo menos um anel. De quantos modos é possível colocar sete anéis diferentes em dedos dessa mão?

Problema 10.6: Em uma mercearia são vendidos picolés nos sabores manga, maracujá, limão, creme, coco e uva.
De quantos modos é possível comprar 3 (três) picolés?

Problema 10.7: Em uma mercearia são vendidos picolés nos sabores manga, maracujá, limão, creme, coco e uva.
De quantos modos é possível comprar 5 (cinco) picolés?

Problema 10.8: Em uma mercearia são vendidos picolés nos sabores manga, maracujá, limão, creme, coco e uva.
Qual a probabilidade de Ana comprar 5 (cinco) picolés, nesta mercearia, e pelo menos 3 (três) deles serem de sabor uva?

Problema 10.9: Em uma mercearia são vendidos picolés nos sabores manga, maracujá, limão, creme, coco e uva.

De quantos modos é possível fazer uma compra de 8 (oito) picolés, nesta mercearia, com pelo menos um picolé de cada um dos seis sabores disponíveis?

Problema 10.10: Em quantos anagramas da palavra ARARAQUARA não há duas letras A juntas?

Problema 10.11: De quantos modos é possível colocar, lado a lado, 5 letras **M**, 4 letras **N**, 3 letras **P** e 2 letras **R**, de maneira que as letras **N** não estejam juntas?

Problema 10.12: De quantos modos é possível colocar, lado a lado, 5 letras **M**, 4 letras **N**, 3 letras **P** e 2 letras **R**, de maneira que não haja duas letras **N** juntas?

Problema 10.13: Quantos são os anagramas da palavra POROROCA que começam por uma consoante e não possuem duas letras O juntas?

Problema 10.14: Considere um dominó que é vendido no comércio. Quantas peças ele tem?

Problema 10.15: Quantas são as soluções com inteiros positivos de $x + y + z + w + t = 12$?

Problema 10.16: Quantas são as soluções com inteiros positivos de $x + y + z + w < 5$?

Problema 10.17: Quantas são as soluções com inteiros não negativos de $x + y + z + w \leq 7$?

Problema 10.18: Quantas são as soluções com inteiros não negativos de $x + y + z + w = 17$?

Problema 10.19: Quantas são as soluções com inteiros não negativos de $x + y + z + w + t + u + v = 15$, com $y > 3$?

Problema 10.20: Quantas são as soluções com inteiros não negativos de $x + y + z + w + t + u + v = 15$ nas quais exatamente 2 incógnitas são nulas?

Problema 10.21: Quantas são as soluções com inteiros não negativos de $x + y + z + w + t = 13$ nas quais pelo menos 2 incógnitas são nulas?

Problema 10.22: De quantos modos é possível escolher 3 números (não diferentes, necessariamente) do conjunto {1, 2, 3,....., 20} de maneira que a soma dos números escolhidos seja um múltiplo de 3?

Problema 10.23: De quantos modos é possível escolher 3 números diferentes do conjunto {1, 2, 3,....., 20} de maneira que a soma dos números escolhidos seja um múltiplo de 3?

Problema 10.24: De quantos modos é possível colocar três anéis diferentes em dois dedos de uma mão?

Problema 10.25: De quantos modos é possível colocar três anéis exatamente iguais em dois dedos de uma mão?

Problema 10.26: De quantos modos é possível colocar cinco anéis diferentes em dois dedos de uma mão?

Problema 10.27: De quantos modos é possível colocar seis anéis diferentes em quatro dedos de uma mão?

Problema 10.28: De quantos modos é possível pintar oito objetos exatamente iguais dispondo-se de cinco cores diferentes?

Problema 10.29: De quantos modos é possível pintar nove objetos exatamente iguais dispondo-se de nove cores diferentes?

Problema 10.30: Quantas são as soluções em inteiros não negativos da equação $x + y + z = 6$ tais que $y > x$?

Problema 10.31: Quantas são as soluções em inteiros não negativos da equação $x + y + z + w + t = 15$ tais que $y > x$?

Problema 10.32: Quantas são as soluções em inteiros positivos da equação $x + y + z + w + t = 35$ tais que $y > x$, $z > y$, $w > z$ e $t > w$?

Problema 10.33: Uma fábrica produz balas em 10 sabores, as quais são vendidas em pacotes de 15 balas em cada (de mesmo sabor ou sortidas). Quantos pacotes distintos para a venda podem ser formados?

Problema 10.34: Uma fábrica produz balas em 10 sabores, as quais são vendidas em pacotes de 15 balas em cada (de mesmo sabor ou sortidas). Quantos pacotes distintos para a venda, cada um com 2 balas de hortelã e duas balas de café, podem ser formados?

Problema 10.35: Quantos números inteiros entre 1 e 1000 têm a soma de seus algarismos igual a 6?

Problema 10.36: Quantas soluções em inteiros não negativos da equação $x + y + z = 15$ têm $x < y$?

Problema 10.37: Quantas soluções em inteiros positivos da equação $x + y + z = 15$ têm $x < y$?

Problema 10.38: Quantos números inteiros entre 1 e 1000 satisfazem à condição de o algarismo da centena ser menor que o algarismo da dezena, e o algarismo da dezena ser menor que o algarismo das unidades?

Problema 10.39: Em quantas permutações de 5 letras A e 8 letras B não há 2 letras A adjacentes?

Problema 10.40: Em quantas permutações de 5 letras A e 8 letras B não há 3 letras A adjacentes?

Problema 10.41: Em quantas permutações de 5 letras A e 8 letras B não há 5 letras B adjacentes?

Problema 10.42: Quantas são as soluções em inteiros da equação $m + n + p = 6$ nas quais nenhuma incógnita é inferior a 3?

Problema 10.43: Quantas soluções com inteiros não negativos satisfazem às condições $x < y$ e $z > y$ na equação $x + y + z = 4$?

Problema 10.44: Ana foi a uma mercearia para comprar 3 (três) sorvetes, que os oferece nos sabores: manga, limão, uva e abacaxi. De quantos modos é possível que Ana efetue a compra?

Problema 10.45: Em quantos anagramas da palavra "POROROCA" não há duas letras O juntas?

Problema 10.46: Em quantos anagramas da palavra "POROROCA" não há duas letras O juntas?

Problema 10.47: Em uma mercearia são vendidos picolés, nos sabores: manga, maracujá, limão e uva. Qual a probabilidade de Ana comprar 5 (cinco) picolés e pelo menos 3 (três) deles serem de sabor uva?

Problema 10.48: De quantas maneiras é possível colocar e arrumar três anéis exatamente iguais em dois dedos de uma mão?

Problema 10.49: De quantas maneiras é possível colocar e arrumar três anéis distintos entre si em dois dedos de uma mão?

Problema 10.50: De quantas maneiras é possível selecionar, colocar e arrumar cinco anéis distintos entre si em dois dedos de uma mão?

Problema 10.51: De quantas maneiras é possível colocar seis anéis diferentes em quatro dedos de uma mão?

Problema 10.52: De quantas maneiras é possível distribuir e arrumar quatro anéis exatamente iguais em três dedos de uma mão?

Problema 10.53: De quantas maneiras é possível selecionar, colocar e arrumar cinco anéis distintos entre si em quatro dedos de uma mão?

Problema 10.54: De quantas maneiras é possível selecionar, colocar e arrumar sete anéis diferentes em três dedos de uma mão?

Problema 10.55: De quantas maneiras é possível distribuir quatro bombons exatamente iguais (embalagem e sabor) em três caixas distintas?

Problema 10.56: De quantas maneiras é possível distribuir cinco bombons de sabores e embalagens diferentes em quatro caixas distintas?

Problema 10.57: De quantas maneiras é possível distribuir sete bombons exatamente iguais (embalagem e sabor) em quatro caixas iguais?

Problema 10.58: De quantas maneiras é possível distribuir oito bombons diferentes em cinco caixas iguais?

CAPÍTULO 2

Permutações Circulares

2.1 Ideias preliminares

Os propósitos nesta categoria de problemas de contagem são os de discutir questões relativas à caracterização, sistematização e contagem das permutações circulares de n objetos distintos. Uma permutação é dita circular se os objetos constituintes estão dispostos em formato circular (ou oval).

Neste capítulo avaliaremos situações em que os objetos são distintos, e no capítulo 12 teremos situações em que pelo menos um objeto se apresenta em repetição.

Tomando por base os últimos currículos de matemática para a Educação Básica, os quais tomaram como referência sugestões apresentadas nos PCN e, agora, também tomando como referência a BNCC – Base Nacional Curricular Comum, a temática permutações circulares não tem sido explorada nos currículos da Educação Básica e nos livros didáticos desse segmento de ensino.

Assim, é esperado que a parcela de professores que ensinam matemática na Educação Básica não tenham tido contato com esses conteúdos em sua formação inicial, por exemplo. Assim, essa categoria de problemas de contagem possivelmente não deve ser familiar à maioria dos professores e, por conseguinte, aos alunos.

Por que, então, vamos explorá-la aqui?
A resposta é: há problemas dessa categoria que estão presentes no dia a dia das pessoas e, portanto, é recomendável que o professor os explore com seus alunos - mesmo que eles não estejam contemplados na estrutura curricular escolar sugerida pela rede escolar.

Ademais, é sempre importante explorar habilidades e competências dos alunos no sentido de que eles identifiquem situações-problema cotidianas que podem ser modeladas por esse tipo de problemas de contagem, ou seja, problemas que requerem avaliar relações de ordenação entre objetos, pessoas, algarismos ou letras, por exemplo, dispostos segundo o "formato circular".

Afinal de contas, possivelmente na casa do leitor pode haver uma mesma em formato circular, e pessoas se sentam ao seu redor. Também, quando o Presidente da República reúne seus ministros e assessores mais próximos para uma reunião, eles costumam estar reunidos em uma grande sala que tem uma grande mesa em formato oval e as pessoas ficam sentadas ao redor desta grande mesa para conversarem.

O que caracteriza a diferença entre dois distintos agrupamentos de "objetos, letras, algarismos, pessoas", quando estes estão dispostos segundo um formato circular (ou oval), é a posição relativa diferente entre pelo menos dois quaisquer "objetos, letras, algarismos, pessoas" entre si, em uma permutação circular.

Por exemplo, ao considerarmos o sentido horário e as permutações circulares ABC e ACB entre as letras A, B e C, elas são consideradas distintas (diferentes) pois a letra A antecede a letra B na primeira permutação enquanto a letra A antecede a letra C na segunda permutação.

Por outro lado, as permutações ABC, CAB e BCA são ditas permutações circulares iguais (ou equivalentes), pois a letra A antecede a letra B, a letra B antecede a letra C e a letra C antecede a letra A, nas três representações. Ou seja, ABC, CAB e BCA são representações distintas sob o aspecto de visualização com que são escritas, mas todas elas apontam para a mesma distribuição das letras A, B e C no formato circular (ou oval): como o sentido horário arbitrado, a letra A antecede a letra B, que antecede a letra C, que, por sua vez, antecede a letra A.

Em prosseguimento, será preciso encaminhar reflexões para a obtenção de uma fórmula que permita efetuar a contagem de todas as permutações circulares de **n** "objetos" distintos entre si. Enquanto nas permutações simples importa os lugares que os "objetos, brinquedos, pessoas, letras distintas, algarismos distintos" ocupam nas respectivas "caixas ou posições" onde eles devem ser colocados (cada caixa deve conter um só objeto, e em cada posição deve estar um só algarismo, letra ou pessoa), nas permutações circulares o que importa é considerar a posição relativa dos "objetos, brinquedos, pessoas, letras distintas, algarismos distintos" entre si.

Ou seja, escolhida uma orientação a percorrer na permutação o que importa é identificar se a posição entre um objeto e outro é a mesma ou não na "roda" (na circunferência).

De maneira análoga, cada um dos "lugares, posições ou caixas" podem ser pensados como uma pessoa que faz (ou fará) parte de uma "roda de ciranda" (uma dança em roda, com duas ou mais pessoas).

Sugestão para o professor:

É interessante lembrar aos alunos que além das permutações simples e das permutações com repetição, têm-se as permutações circulares e as permutações caóticas.

Sugerimos ao professor que, para as permutações circulares, antes mesmo de obter a fórmula de cálculo do total de permutações circulares com n "objetos distintos" proponha aos alunos participarem de várias rodas de ciranda em sala de aula, que se modificam à medida que mais um aluno, por vez, entra na roda e participa da dança.

Assim, o professor precisa ir chamando, um a um, os alunos para que eles participem da dança, de maneira que eles passem a integrar as rodas de ciranda que vão sendo formadas.

Comece a "roda de ciranda" com um aluno: ele dança sozinho, pois só há essa maneira de ele dançar. Chama-se um novo aluno para dançar como ele, mas este aluno só tem uma maneira de formar uma roda de ciranda com o seu colega: ambos dão as mãos e ficam dançando.

O professor vai fazendo os registros das quantidades de possibilidades de um novo aluno entrar na roda de ciranda no quadro.

Um novo aluno é chamado para se juntar à "roda de ciranda" formada. Ele pode estender sua mão esquerda ao primeiro aluno e a mão direita ao segundo aluno, ou estender sua mão esquerda ao segundo aluno e a mão direita ao primeiro aluno. Assim, com 3 alunos, e aplicando o princípio multiplicativo, há 1 x 1 x 2 = 2 diferentes "rodas de ciranda" distintas possíveis. O desenho a seguir mostra essas duas possibilidades:

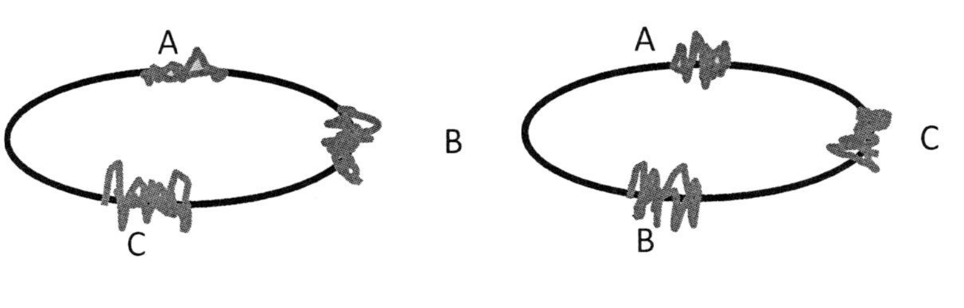

Um quarto aluno é chamado para se juntar à uma das duas "rodas de ciranda" formadas, como desenhadas acima. Na primeira "roda de ciranda" ele pode estender sua mão esquerda ao aluno A e a mão direita ao aluno C; ou estender sua mão esquerda ao aluno C e a mão direita ao aluno B, ou estender sua mão esquerda ao aluno B e a mão direita ao aluno A.

Na segunda "roda de ciranda" ele pode estender sua mão esquerda ao aluno A e a mão direita ao aluno B; ou estender sua mão esquerda ao aluno B e a mão direita ao aluno C, ou estender sua mão esquerda ao aluno C e a mão direita ao aluno A.

Logo, para cada uma das 2 possibilidades desenhadas acima, há, pelo princípio multiplicativo, 2 x 3 = 6 possibilidades de 4 (quatro) alunos formarem uma "roda de ciranda".

Assim, com 4 alunos, e aplicando o princípio multiplicativo, há 1 x 1 x 2 x 3 = 6 diferentes "rodas de ciranda" distintas possíveis. O desenho a seguir mostra essas seis possibilidades:

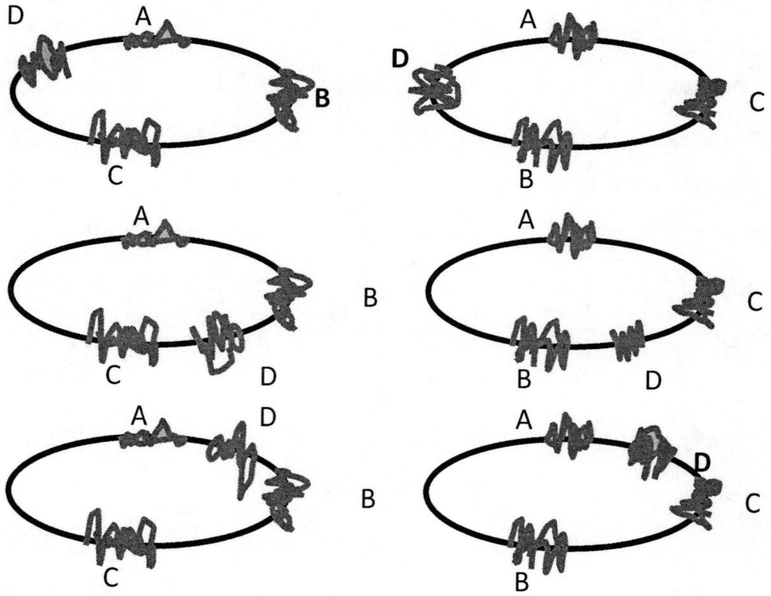

A partir de certa quantidade de alunos na roda, é possível generalizar a ideia e deduzir a fórmula de contagem do número de permutações circulares de n distintos "objetos", como é sugerido em seguida.

É importante assinalar para os alunos que a fórmula atende à disposição de n "objetos distintos" no "formato circular", e ressaltar que os alunos que participam da roda, como é sabido, são distintos entre si.

2.2 Contagem de permutações circulares com n objetos distintos

Sem perda de generalidade, suponha que estamos considerando o sentido horário quando percorremos um percurso do tipo circular (ou oval) para a situação descrita a seguir.

Assim, se dispomos de ***n*** "objetos, brinquedos, letras ou algarismos" distintos (pessoas e animais são distintos, por natureza) para serem colocados sobre uma mesa em formato de um círculo (ou oval), em exatamente **n** lugares disponíveis (em cada lugar só pode estar um único objeto, brinquedo, letra, algarismo ou pessoa), e escolhido o sentido horário, tem-se as seguintes possibilidades:

- há 1(um) modo de colocar o primeiro "objeto" *na "circunferência"*, pois *em qualquer lugar que escolhamos para colocá-lo ele será o único "objeto" na "circunferência". A figura a seguir mostra essa possibilidade*;

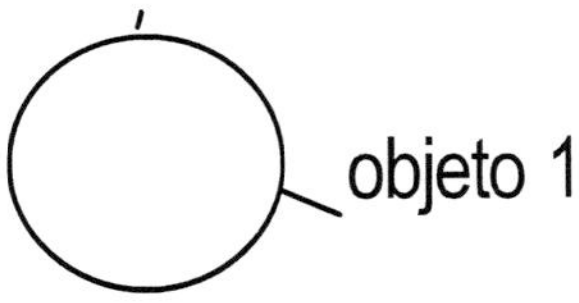

- há 1(um) modo de colocar o segundo "objeto" *na "circunferência"*, pois *em qualquer lugar que escolhamos para colocá-lo, ele será o único objeto na "circunferência": imediatamente após o primeiro "objeto". A figura a seguir mostra essa possibilidade;*

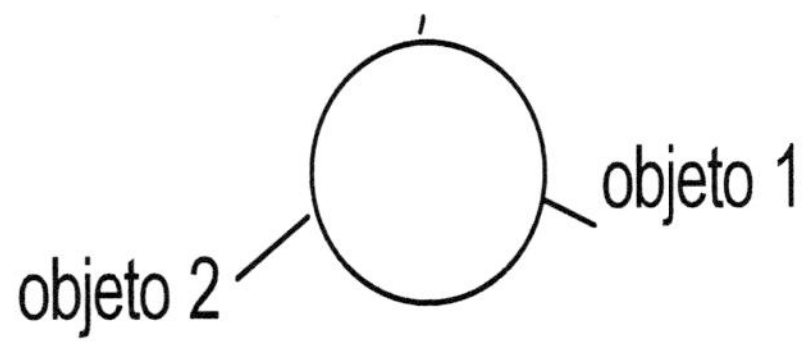

- há 2 (dois) modos de colocar o terceiro objeto *na "circunferência": imediatamente após o primeiro objeto estar colocado na "circunferência" ou imediatamente após o segundo objeto estar colocado na "circunferência". A figura a seguir mostra essas duas possibilidades;*

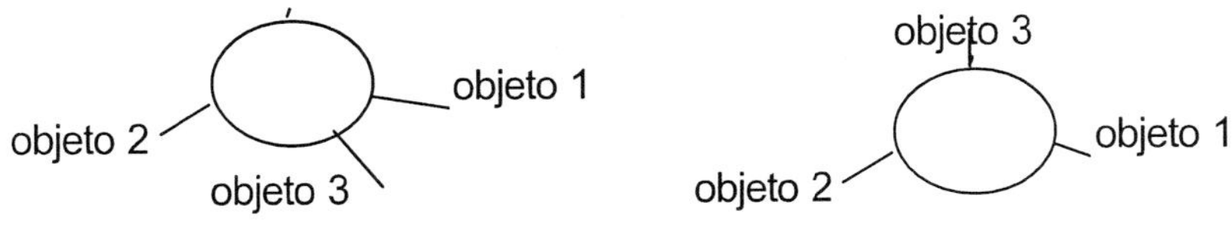

- há 3(três) modos de colocar o quarto "objeto" *na "circunferência": imediatamente após o primeiro "objeto" estar colocado na "circunferência" ou imediatamente após o segundo "objeto" estar colocado na "circunferência" ou imediatamente após o terceiro "objeto" estar colocado na "circunferência". Para cada uma das duas situações mostradas acima há, portanto, três possibilidades para colocar o quarto "objeto" na "circunferência". A figura a seguir mostra essas três possibilidades, para cada um dos dois casos:*

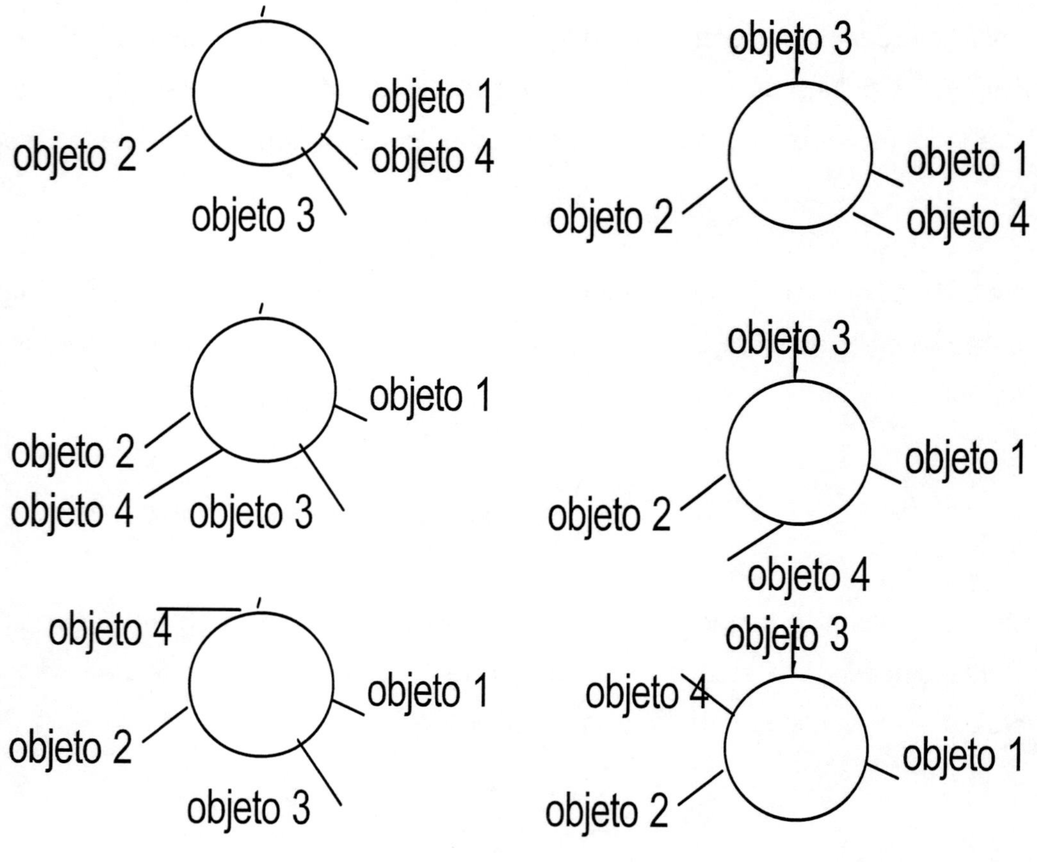

- prosseguindo ......
- há (n-1) modos de colocar o n-ésimo e último "objeto" na "circunferência".

Logo, aplicando o princípio multiplicativo, tem-se a totalidade de possibilidades de arrumar n "objetos" distintos no formato circular, qual seja:

$$(PC)_n = 1.1.2.3........(n-1) = (n-1)!$$

Eis uma segunda possibilidade de como se pode obter a fórmula acima:

Inicialmente, vamos considerar que há n! diferentes maneiras de arrumar os n objetos distintos no formato circular, como se cada uma das arrumações pudesse ser vista como uma ordenação tipo permutação simples.

Para cada uma das n! arrumações (como a arrumação desenhada a seguir, por exemplo), vamos fazer as seguintes considerações:

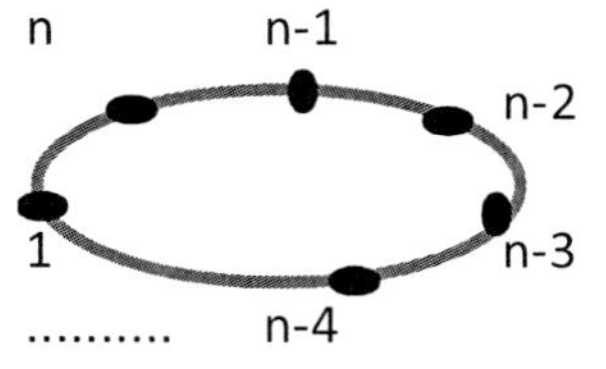

Considere que o objeto n vá ocupar a posição (n-1), o objeto (n-1) vá ocupar a posição (n-2), e assim sucessivamente para os demais objetos, em ordem. Ou seja, estamos fazendo "um giro" no sentido horário, e cada uma dessas novas arrumações que são obtidas - relativamente a cada um dos n possíveis "giros um a um" -, tem-se a mesma permutação circular dos n objetos distintos considerados, sem modificar a ordem relativa entre os objetos constituintes.

Depois, em seguida, considere que o objeto n vá ocupar a posição (n-2), o objeto (n-1) vai ocupar a posição (n-3), e assim sucessivamente para os demais objetos, em ordem. Ou seja, estamos fazendo "dois giros por vez" no sentido horário, e cada uma dessas novas arrumações que são obtidas - relativamente a cada um dos n possíveis "giros dois a dois" -, tem-se a mesma permutação circular dos n objetos distintos considerados, sem modificar a ordem relativa entre os objetos constituintes.

Prosseguindo deste modo, em relação a todos os n objetos, e para diferentes modos de fazer os "giros", há n "diferentes arrumações" - as quais, por sua vez, representam a mesma permutação circular dos n objetos distintos distribuídos da seguinte maneira: (1,2,......,n).

Assim, a contagem inicial de n! possibilidades de arrumação dos n objetos distintos segundo o formato circular está em excesso e, portanto, precisa ser corrigida.

Devemos, portanto, nos remeter à ideia de uma proporcionalidade existente, a saber: para cada n arrumações diferentes, considerada como resultante de uma permutação simples, corresponde uma única permutação circular, e para n! arrumações diferentes, resultante de permutações simples há x permutações circulares. Assim, estabelece-se a seguinte proporcionalidade:

n permutações simples	⟶	1 permutação circular
n! permutações simples	⟶	x permutações circulares

Logo, para n! arrumações diferentes, correspondem x = $(PC)_n$ = $\frac{n!}{n}$ = (n-1)! permutações circulares. Como esperado, esse é o mesmo resultado que foi obtido antes.

Poderíamos, também, pensar como a seguir para obter a fórmula acima:
(1, 2, 3,...., n-2, n-1, n) é uma representação igual (equivalente) à representação (n, 1, 2, 3, ..., n-2, n-1), que é igual (equivalente) à representação (n-1, n, 1, 2, 3, ..., n-2), do ponto de vista de arrumações sob o formato circular.

Assim, há **n** representações tipo (1, 2, 3,...., n-2, n-1, n) que geram uma mesma permutação circular de n "objetos" distintos. Considerando esta representação (onde o 1 antecede o 2), há n novas e distintas representações tipo (2,1,3,....,n), por exemplo, pois agora o 2 antecede o 1 que, por sua vez, vai gerar nova permutação circular.

Assim, cada n! representações tipo (1, 2, 3,...., n-2, n-1, n) geram o total de permutações circulares com n "objetos" distintos, que queremos conhecer, por conta de considerarmos como iguais (equivalentes) representações que coincidem por rotação.

Logo, é possível estabelecer a seguinte proporcionalidade:

n representações tipo (1, 2, 3,...., n-2, n-1, n) de objetos distintos geram **1 permutação circular**

n! representações de n objetos distintos geram **$(PC)_n$ permutações circulares**

Então,

$$(PC)_n = \frac{n!}{n} = (n-1)! \text{ permutações circulares}$$

2.3 Exemplos

Exemplo 1:

De quantos modos 6 (seis) pessoas podem se sentar em uma mesa com o formato circular?

A primeira pessoa pode se sentar de uma maneira: puxa uma cadeira e senta-se à mesa. A segunda pessoa tem uma maneira de se sentar: ao lado da primeira pessoa, independente do sentido de orientação observável. A terceira pode sentar-se de 2 modos, entre as duas pessoas já sentadas. A quarta pessoa pode sentar-se de 3 maneiras distintas. A quinta pessoa pode se sentar de quatro maneiras distintas: entre as 4 pessoas que já estão sentadas. Por fim, a sexta pessoa pode se sentar de 5 = (6 - 1) maneiras, entre as 5 pessoas já sentadas. Pelo princípio multiplicativo, há 1 x 1 x 2 x 3 x 4 x 5 = 5! = 120 maneiras de sentar-se à mesa de formato circular. Ou então, $(PC)_6 = (6 - 1)! = 5! = 120$.

Exemplo 2:

De quantos modos 6 (seis) pessoas podem se sentar em uma mesa com o formato circular de modo que duas dessas pessoas fiquem sempre juntas?

Inicialmente, as 4 outras pessoas podem se sentar de $(PC)_4 = 6$ modos distintos. Para cada uma das 6 possíveis maneiras de as quatro pessoas se sentarem à mesa, há 4 modos de o "bloco das duas pessoas consideradas" se sentarem, entre as quatro pessoas que estão sentadas à mesa. Por outro lado, as duas pessoas do "bloco" podem se sentar de $P_2 = 2$ modos distintos. Assim, aplicando o princípio multiplicativo, há $(PC)_4 \times 4 \times P_2 = 6 \times 4 \times 2 = 48$ modos que atendem às condições do problema.

Exemplo 3:

De quantos modos 6 (seis) pessoas podem se sentar em uma mesa com o formato circular de modo que duas dessas pessoas não fiquem juntas?

Inicialmente, as 4 outras pessoas podem se sentar de $(PC)_4 = 6$ modos distintos. Para cada uma das 6 possíveis maneiras de as quatro pessoas se sentarem à mesa, há 4 modos de uma das duas pessoas que não podem se sentar juntas se sentar à mesa junto com as quatro outras pessoas. Assim, a última pessoa a se sentar à mesa só pode se sentar de 3 modos possíveis, pois não pode se sentar à mesa junto à pessoa que acabou de se sentar. Assim, aplicando o princípio multiplicativo, há $(PC)_4 \times 4 \times 3 = 6 \times 4 \times 3 = 72$ modos que atendem às condições do problema.

2.4 Problemas

Problema 11.1:

Quantas rodas de ciranda podem ser formadas com 3 crianças?

Problema 11.2:

De quantos modos podemos formar uma roda de ciranda com 5 crianças, de modo que duas determinadas dessas crianças não fiquem juntas?

Problema 11.3:

De quantos modos podemos formar uma roda de ciranda com 6 crianças:

a) sem restrições?

b) de modo que duas delas, Vera e Isadora, fiquem juntas?

c) de modo que duas delas, Vera e Isadora, não fiquem juntas?

Problema 11.4:

Quantas "rodas de ciranda" podem ser formadas por k meninos e k meninas, de modo que meninas e meninos se alternem na roda?

Problema 11.5:

Quantas "rodas de ciranda" com 9 crianças é possível formar, de modo que três determinadas crianças estejam juntas na roda?

Problema 11.6:

Quantas "rodas de ciranda" com 9 crianças é possível formar, de modo que três determinadas crianças não fiquem juntas na roda?

Problema 11.7:

Quantas "rodas de ciranda" com n crianças é possível formar, de modo que k determinadas crianças estejam juntas na roda ($k < n - 1$)?

Problema 11.8:

Quantas "rodas de ciranda" com n crianças é possível formar, de modo que k determinadas crianças não fiquem juntas na roda ($k < n - 1$)?

Problema 11.9:

De quantos modos 6 casais podem formar uma roda de ciranda, de modo que cada marido fique ao lado de sua esposa?

Problema 11.10:

De quantos modos 6 casais podem formar uma roda de ciranda, de modo que os homens fiquem juntos?

Problema 11.11:

De quantos modos 6 casais podem formar uma roda de ciranda, de modo que cada marido fique ao lado de sua esposa, mas pessoas do mesmo sexo não fiquem juntas?

Problema 11.12:

De quantos modos 9 mulheres e 5 homens podem formar uma roda de ciranda, de modo que as mulheres fiquem juntas?

Problema 11.13:

De quantos modos podemos formar tetraedros - cujas faces devem ser numeradas de 1 a 4 - de modo que a face da base seja numerada com um número par?

Problema 11.14:

Considere prismas de base triangular, com faces que devem ser numeradas de 1 a 5. Quantos prismas diferentes de base triangular existem, considerando que a soma dos valores de faces opostas deve ser igual a 6?

Problema 11.15:

Considere prismas de base quadrada, com faces que devem ser numeradas de 1 a 6. Quantos prismas diferentes de base quadrada existem, considerando que a soma dos valores das faces opostas deve ser igual a 7?

Problema 11.15:

Considere prismas de base pentagonal, cujas faces devem ser numeradas de 1 a 7. Quantos prismas diferentes de base hexagonal existem, considerando que a soma dos valores das faces opostas deve ser igual a 8?

Problema 11.16:

Considere prismas de base hexagonal, cujas faces devem ser numeradas de 1 a 8. Quantos prismas diferentes de base hexagonal existem, considerando que a soma dos valores das faces opostas deve ser igual a 9?

Problema 11.17:

Considerando que cada face deve ser pintada com uma cor, de quantos modos distintos se pode pintar:

a) Um cubo, usando 6 (seis) cores diferentes?

b) Um tetraedro regular, usando 4 (quatro) cores diferentes?

c) Um octaedro regular, usando 8 (oito) cores diferentes?

d) Um dodecaedro regular, usando 12 (doze) cores diferentes?

e) Um icosaedro regular, usando 20 (vinte) cores diferentes?

f) Uma pirâmide triangular regular, usando 4 (quatro) cores diferentes?

g) Uma pirâmide quadrangular regular, usando 5 (cinco) cores diferentes?

h) Uma pirâmide pentagonal regular, usando 6 (seis) cores diferentes?

i) Uma pirâmide hexagonal regular, usando 7 (sete) cores diferentes? j) Um prisma pentagonal regular, usando 7 (sete) cores diferentes?

k) Um prisma hexagonal regular, usando 8 (oito) cores diferentes?

Problema 11.18:

Considere um cubo com as faces pintadas de cores diferentes. Quantos dados distintos é possível formar gravando números de 1 a 6 sobre essas faces?

Problema 11.19:

Quantos dados diferentes existem, se a soma das quantidades de bolinhas em faces opostas do cubo deve ser igual a 7?

Permutações Circulares Sobre um Conjunto de Objetos nem Todos Distintos (Há Pelo Menos Dois Elementos Repetidos)

3.1. Introdução

Neste capítulo vamos explorar o conceito de permutações circulares em um conjunto que não possui todos os elementos distintos, de maneira parecida com o que foi feito com os arranjos, permutações e combinações com repetição. Para tal, começamos por explorar alguns exemplos:

3.2. Exemplos

Exemplo 1:

Considere a palavra ***OVO***. Sabemos que existem 3 distintas permutações com repetição que podem ser formadas com as 3 letras, duas delas iguais, a saber: OVO, OOV e VOO.

Agora, se colocarmos as três letras de cada uma dessas três permutações dispostas sobre o formato circular, e fizermos considerações similares às que foram apresentadas quando exploramos o conceito de permutações circulares com letras distintas, e adotarmos o sentido horário, por exemplo, veremos que as três permutações acima referem-se a uma única permutação circular formada com as letras da palavra OVO, como mostrado na figura a seguir.

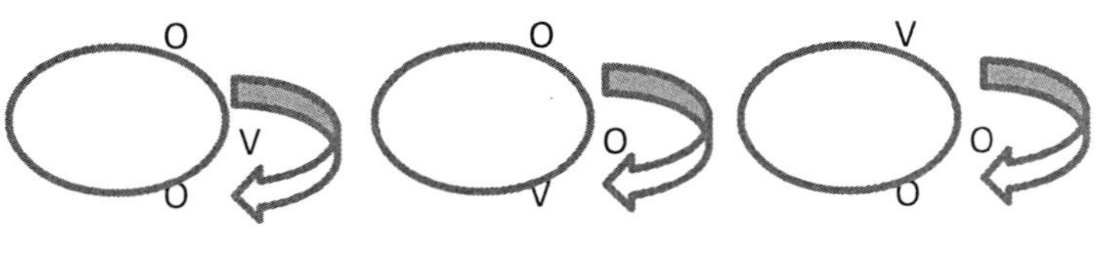

De fato, a figura acima mostra que as três permutações com repetição das letras O, O e V, quais sejam: OVO, OOV e VOO correspondem à uma mesma permutação circular com repetição das letras O, O e V - uma vez que a sequência O, V e O, derivada da palavra OVO, após um giro (como mostra a figura acima) fica como OOV e esta, após um novo giro, fica como VOO.

É bom lembrar que uma permutação circular se diferencia de outra pela posição relativa dos seus elementos constituintes entre si, independente do sentido adotado. Nos três desenhos acima, tem-se que a letra O precede a letra V, que precede a letra O e, esta, precede a outra letra O, para qualquer posição e desenho que se escolha. Então, se diz que as três disposições são equivalentes entre si, pois elas coincidem por rotação.
Assim, dizemos que há apenas 1 (um) anagrama com repetição circular obtido com as letras da palavra OVO.

A questão que se coloca é a seguinte:

✓ *Como fazer para determinar a quantidade de anagramas com repetição circular obtido com as letras da palavra OVO (permutações circulares com repetição das letras da palavra OVO) que, como visto, é igual a 1, sem ter que explorar todos os anagramas da palavra OVO (as permutações com repetição) para se chegar ao resultado?*

Exemplo 2:

Considere a palavra PAPAL. Sabemos que existem $\frac{5!}{2!.2!} = 30$ distintas permutações com repetição das letras P, P, A, A, e L (ou anagramas com repetição da palavra PAPAL).

Por exemplo, se colocarmos as letras da palavra PAPAL, nessa ordem, dispostas sobre o formato circular, adotarmos o sentido horário, considerarmos, de início, as 5 letras de um anagrama com repetição da palavra PAPAL e fizermos as mesmas considerações acerca do conceito de permutações circulares com letras distintas, veremos que uma mesma permutação circular com repetição corresponde a 5 (cinco) distintas permutações com repetição das letras P, P, A, A e L - quando fixarmos o olhar para uma mesma posição no formato circular e fazemos giros, um a um, no sentido horário, até que todas as 5 letras ocupem essa posição inicialmente fixada.

De fato, a figura abaixo mostra que as 5 permutações com repetição: PAPAL, LPAPA, ALPAP, PALPA e APALP - observáveis a partir da posição em que se encontra a primeira letra P, no sentido horário -, correspondem à uma mesma permutação circular com repetição das letras P, A, P, A e L nessa ordem.

Um fato interessante é que o último giro faz coincidir com a disposição que deu início aos "giros", um a um, correspondentes à disposição PAPAL e, portanto, há que se considerar 5 distintas disposições.

A ideia é fixar o olhar para determinada posição do formato circular - por exemplo, fixe o olhar para a posição em que se encontra a letra P, mais à esquerda e acima, e ir fazendo "giros", um a um, para que cada letra em sequência ocupe esta mesma posição. No desenho abaixo adotou-se o sentido horário.

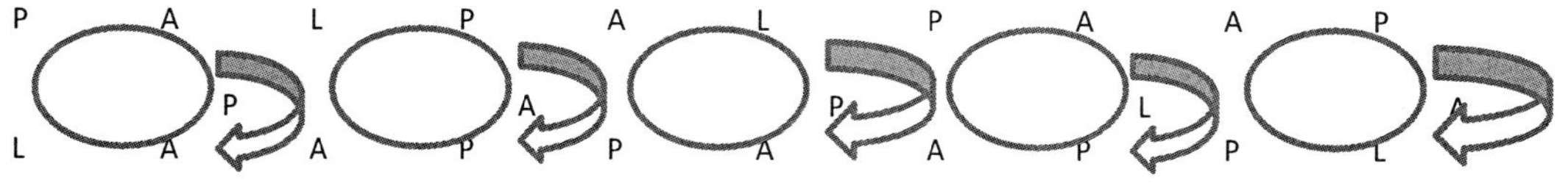

Observe que o que foi dito acima, também pode ser identificado segundo a seguinte orientação: De início tem-se a disposição PAPAL. Colocando a última letra na primeira posição, obtém-se: LPAPA. Colocando a última letra de LPAPA na primeira posição, obtém-se: ALPAP. Colocando a última letra de ALPAP na primeira posição, obtém-se: PALPA. Colocando a última letra de PALPA na primeira posição, obtém-se: APALP. Colocando a última letra de APALP na primeira posição, obtém-se: PAPAL. Esta última deve ser descartada, pois é a disposição que deu início aos "giros um a um".

Como o fato acima se repete para cada vez que se faz a escolha de 5 permutações com repetição das letras P, P, A, A e L, em determinada ordem, no formato circular, escritas segundo um sentido adotado, podemos escrever a seguinte proporção:

> 5 permutações com repetição das letras da palavra PAPAL → 1 permutação circular com repetição das letras da palavra PAPAL
> 30 permutações com repetição das letras da palavra PAPAL → x permutações circulares com repetição das letras da palavra PAPAL

Logo, há x = 6 permutações circulares com repetição das letras da palavra PAPAL.
Quem são elas? Elas estão mostradas na árvore de possibilidades, desenhadas a seguir:

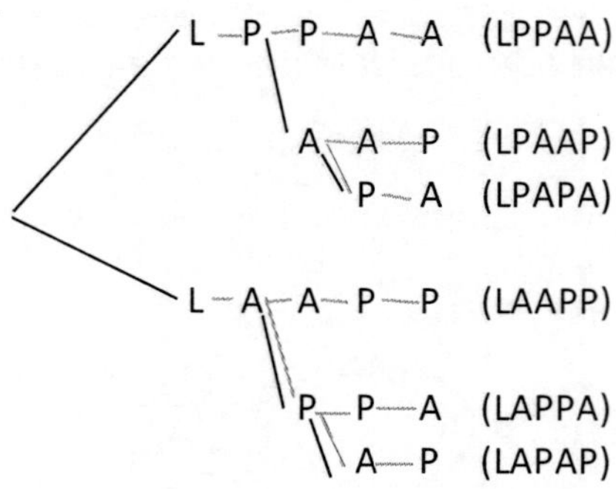

Podemos, também, determinar as 6 (seis) permutações circulares acima calculando-as assim: $(PCR)_5^{2,2} = \left\lceil \frac{5!}{2!.2!} \cdot \frac{1}{5} \right\rceil = 6.$

A notação 2,2 indica a repetição de duas letras A e duas letras P e a notação 5 indica o total de letras da palavra PAPAL. O símbolo $\lceil a \rceil$ determina o número inteiro imediatamente superior ao número racional ***a***. Por exemplo, $\lceil 1{,}3 \rceil = 2$; $\lceil 3 \rceil$ = 3.

No exemplo das permutações circulares da palavra OVO, tem-se: $(PCR)_3^2 = \left\lceil \frac{3!}{2!} \cdot \frac{1}{3} \right\rceil = 1.$

Para desenhar as 6 (seis) permutações circulares com repetição, sugerimos ao leitor começar por escrever todas as letras distintas das demais e calcular o número de modos de colocá-las (permutações circulares de letras distintas) em formato circular, desenhando essas possibilidades. Como na palavra PAPAL só há a letra L distinta, vamos escrevê-la acompanhada da maior quantidade de letras repetidas. Nesse exemplo, tanto faz a escolha da letra A ou da letra P, pois ambas aparecem 2 vezes. Consideremos a formação a seguir, que é única sob o olhar de permutações circulares:

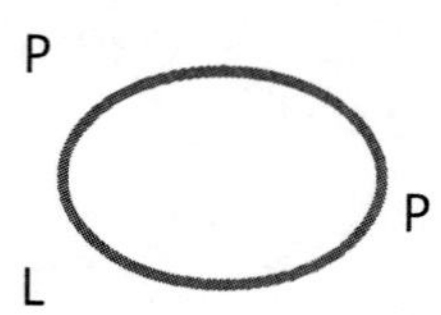

Agora, têm-se duas letras A para serem colocadas nas diferentes posições possíveis, podendo ser colocadas juntas ou em separado.

Inicialmente, considere a colocação das duas letras A juntas. Neste caso, há três posições possíveis para colocá-las: entre as letras P; entre P e L e entre L e P. Essas três distintas arrumações circulares estão desenhadas a seguir.

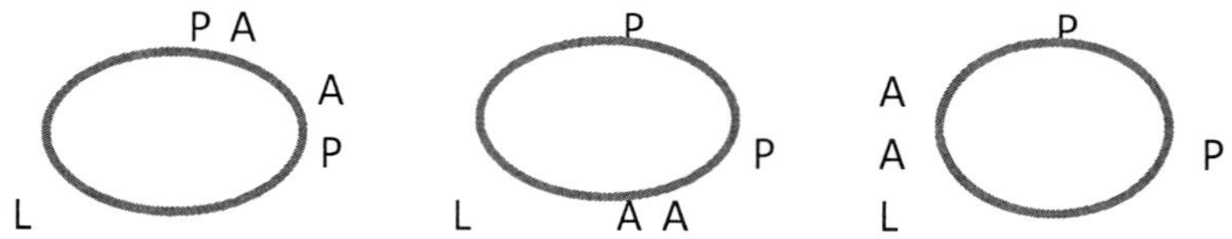

Observe que, segundo o sentido horário, na última situação as duas letras A estão separadas pelas letras L e P, e na penúltima as duas letras A estão separadas pelas letras P e L.

Agora, considere as seguintes colocações:

- Uma das duas letras A entre as letras P, e a outra letra A colocada entre as letras P e L;
- A colocação de uma das letras A entre as letras P e a outra letra A colocada entre as letras L e P, e
- A colocação de uma das letras A entre as letras P e L e a outra letra A colocada entre as letras L e P.

Essas três últimas distintas arrumações circulares com repetição estão desenhadas a seguir.

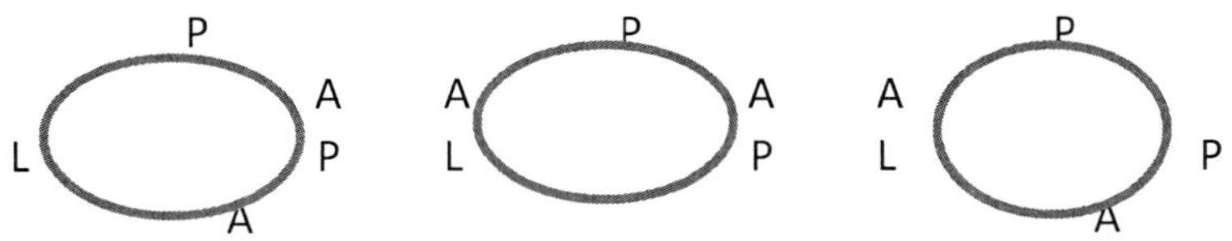

Portanto, essas 6 (seis) arrumações acima são todas as diferentes maneiras de arrumar as letras da palavra PAPAL em formato circular. Assim, dizemos que há 6 (seis) anagramas com repetição circular obtidos com as letras da palavra PAPAL.

Exemplo 3:

Considere a palavra ***PAPA***. Sabemos que existem $\frac{4!}{2!.2!}$ = 6 distintos anagramas com repetição entre as duas letras P e as duas letras A da palavra PAPA, a saber: PPAA, PAPA, PAAP, AAPP, APAP, APPA.

Podemos determinar o total de anagramas com repetição circular da palavra PAPA (permutações circulares com repetição da palavra PAPA) aplicando-se a fórmula acima, como: $(PCR)_4^{2,2} = \left[\frac{4!}{2!.2!}.\frac{1}{4}\right] = \left[\frac{3}{2}\right] = 2.$

Se, por exemplo, colocarmos as letras da palavra PAPA - nessa ordem - dispostas sobre o formato circular, adotarmos o sentido horário, considerarmos, de início, as 4 letras de um anagrama com repetição da palavra PAPA (AAPP, APPA, PPAA, PAAP ou APAP e PAPA) e fizermos as mesmas considerações acerca do conceito de permutações circulares com letras distintas, veremos que uma mesma permutação circular com repetição corresponde a 2 (duas) distintas permutações com repetição das letras P, P, A e A, conforme mostrado na figura a seguir:

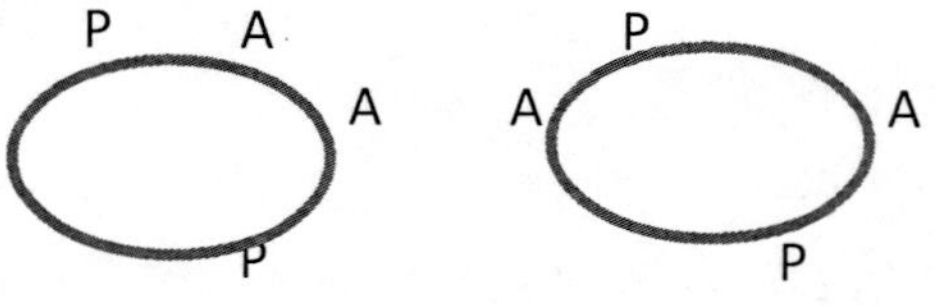

Tal pode ser identificado quando fixarmos o olhar para uma mesma posição, no formato circular, e fizermos "giros um a um" no sentido horário até que todas as 4 letras ocupem essa posição.

De fato, a figura acima mostra que as 2 permutações com repetição: PAPA e APAP - observáveis a partir da posição em que se encontra a primeira letra P, no sentido horário, correspondem à uma mesma permutação circular com repetição das letras P, A, P e A, nessa ordem.

Um fato interessante, a observar, é que o terceiro "giro" faz coincidir com a disposição que deu início aos "giros" - correspondente à disposição PAPA. E o quarto "giro" faz coincidir com a segunda disposição (após o primeiro "giro"), correspondente à disposição APAP.

Assim, por exemplo, a ideia é fixar o olhar para a posição em que se encontra a letra P - mais à esquerda e acima -, e ir fazendo "giros um a um" para que cada letra em sequência ocupe esta posição escolhida, que poderia ser qualquer posição do formato circular.

Você pode verificar que as mesmas disposições de PAPA aparecem quando se consideram o anagrama APAP. Logo, há 1 (uma) disposição em formato circular com repetição quando se consideram os anagramas com repetição PAPA e APAP.

Para os restantes 4 anagramas com repetição PPAA, PAAP, APPA e AAPP, ocorre uma mesma disposição PPAA em formato circular com repetição.
Portanto, há um total de 2 (duas) disposições distintas em formato circular com repetição para as letras P, P, A e A.

A figura abaixo mostra as 2 (duas) permutações circulares com repetição: AAPP e PAPA, correspondentes às permutações das letras da palavra PAPA, escritas no formato circular.

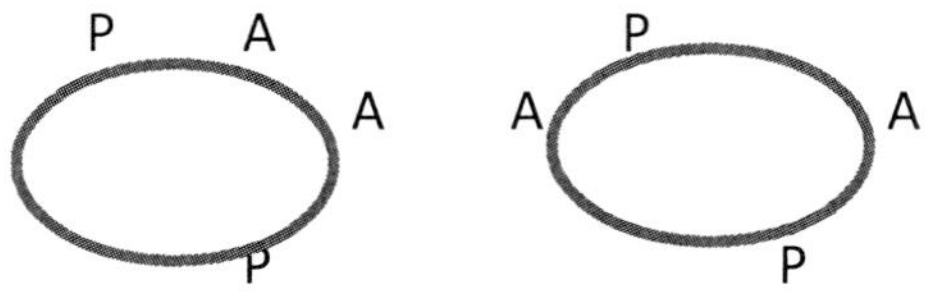

Portanto, os anagramas com repetição da palavra PAPA: PPAA, APPA, PAAP e AAPP dão origem à permutação circular com repetição PAAP, Já os anagramas com repetição da palavra PAPA: APAP e PAPA dão origem à permutação circular com repetição PAPA.

Para desenhar as 2 (duas) permutações circulares com repetição, como mostradas acima, sugerimos ao leitor começar por escrever as duas letras A segundo o formato circular e pensar da seguinte maneira em relação às colocações das duas letras P: as duas letras P podem ser colocadas juntas ou as duas letras P podem ser colocadas em separado.

Nesse exemplo, considerando que a quantidade de letras P é igual à quantidade de letras A, tanto faz a escolha inicial das letras a serem colocadas no formato circular recair sobre a letra A ou recair sobre a letra P.

Exemplo 4:

Considere a palavra PAPAPA. Sabemos que existem $\frac{6!}{3!.3!}$ = 20 distintas permutações com repetição (ou anagramas com repetição). Podemos determinar o total de permutações circulares com repetição da palavra PAPAPA aplicando a fórmula $(PCR)_6^{3,3} = \left\lceil \frac{6!}{3!.3!} \cdot \frac{1}{6} \right\rceil = \left\lceil \frac{10}{3} \right\rceil = 4$. Assim, há 4 permutações circulares com repetição de 3 letras P e 3 letras A.

Para desenhar as 4 (quatro) permutações circulares com repetição, como determinado acima, sugerimos ao leitor começar, por exemplo, por colocar as duas letras A segundo o formato circular, o que pode ser feito de um único modo.

Nesse exemplo, tanto faz a primeira escolha das letras a serem colocadas no formato circular recair sobre as letras A ou sobre as letras P, uma vez que ambas as letras estão em quantidades iguais. Eis o modo da primeira ação:

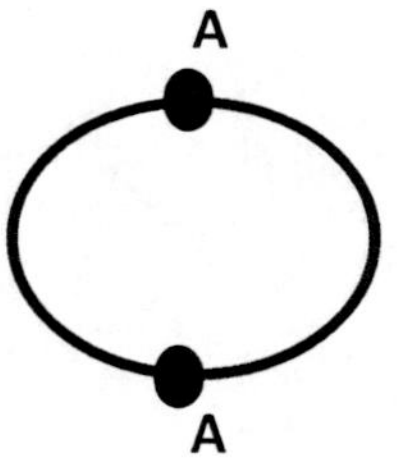

E, em seguida, pensar da seguinte maneira: as três letras P podem ser colocadas, juntas, entre as duas letras A de dois modos distintos: à esquerda ou à direita. Eis dois modos para a segunda ação:

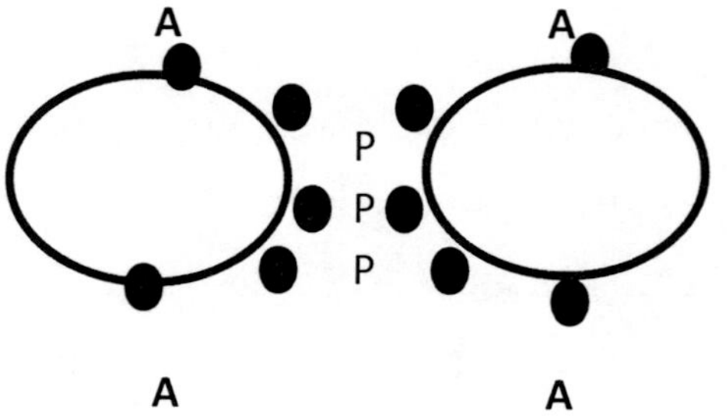

Por outro lado, duas letras P podem ser colocadas em separado da outra letra P, de dois modos distintos. Eis os dois outros modos para a segunda ação:

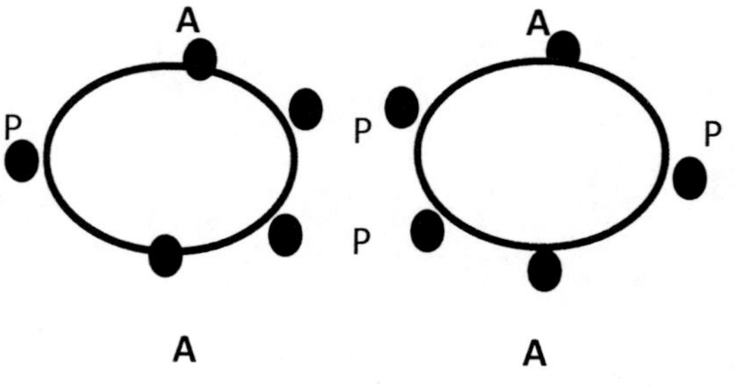

Agora, para cada uma dos quatro possibilidades mostradas acima, será preciso avaliar as diferentes possibilidades de colocação da última letra A.

1) Eis as possibilidades de colocação da última letra A para a seguinte arrumação:

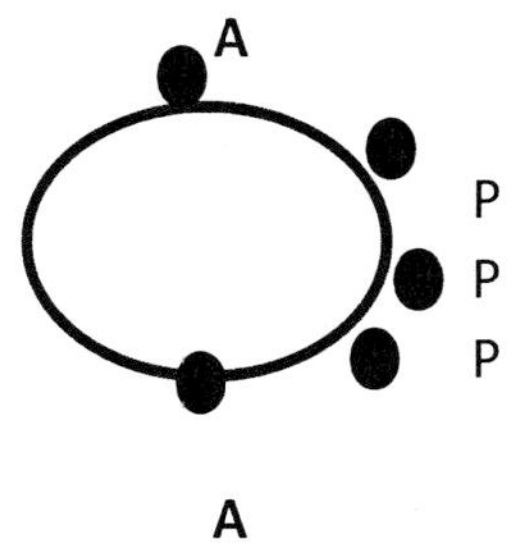

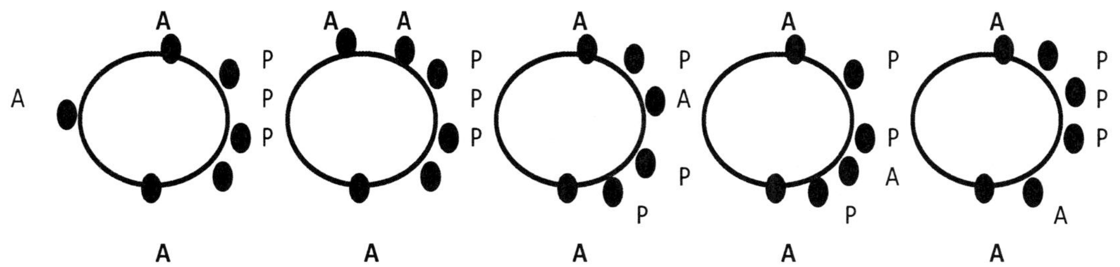

Tipo 1 (PPPAAA) Tipo 1 (PPPAAA) Tipo 2 (PPAAPA) Tipo 3 (PPAPAA) Tipo 1 (PPPAAA)

2) Eis as possibilidades de colocação da última letra A para a seguinte arrumação:

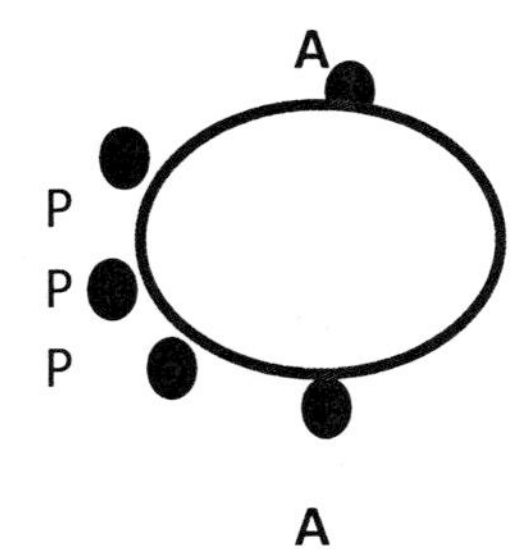

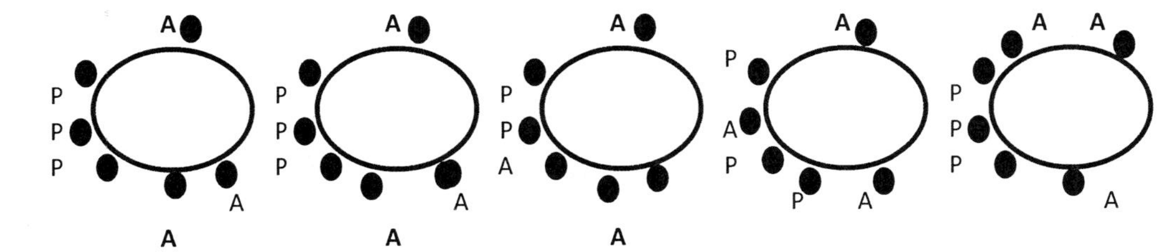

Tipo 1 (PPPAAA) Tipo 1 (PPPAAA) Tipo 2 (PPAAPA) Tipo 3 (PPAPAA) Tipo 1 (PPPAAA)

3) Eis as possibilidades de colocação da última letra A para a seguinte arrumação:

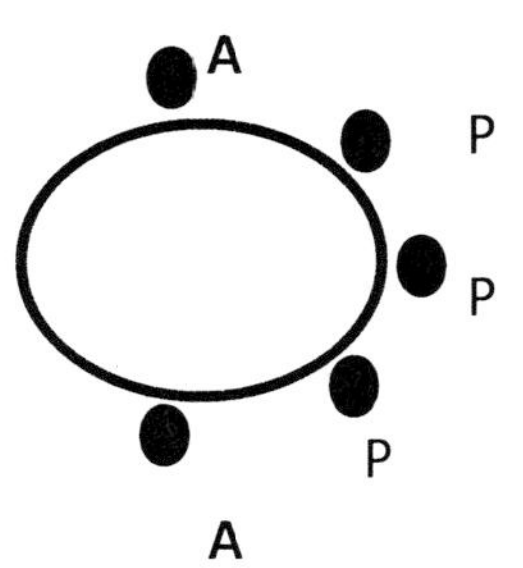

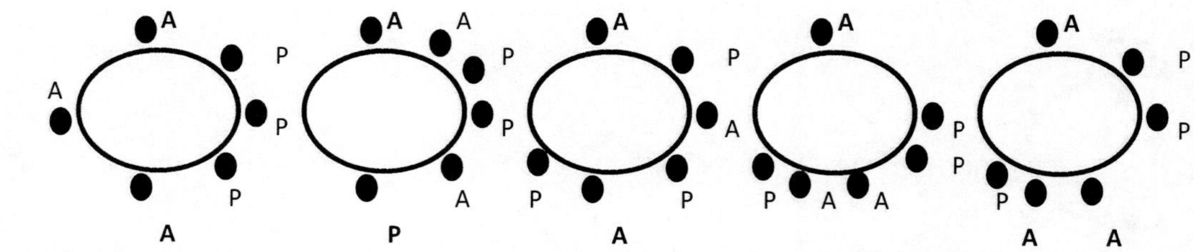

Tipo 3 (PPAPAA) Tipo 3 (PPAPAA) Tipo 4 (PAPAPA) Tipo 2 (PPAAPA) Tipo 2 (PPAAPA)

4) Eis as possibilidades de colocação da última letra A para a seguinte arrumação:

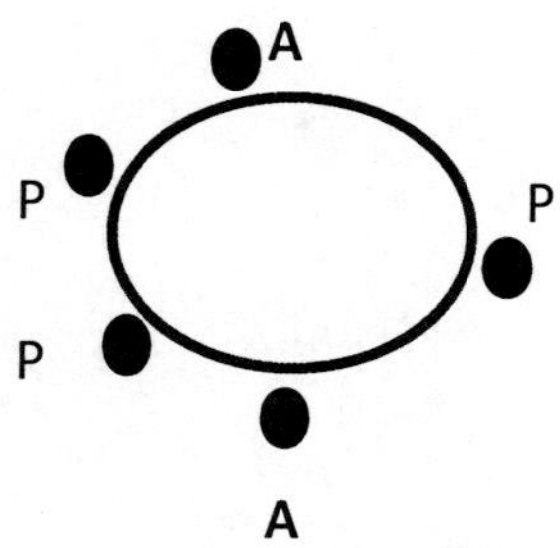

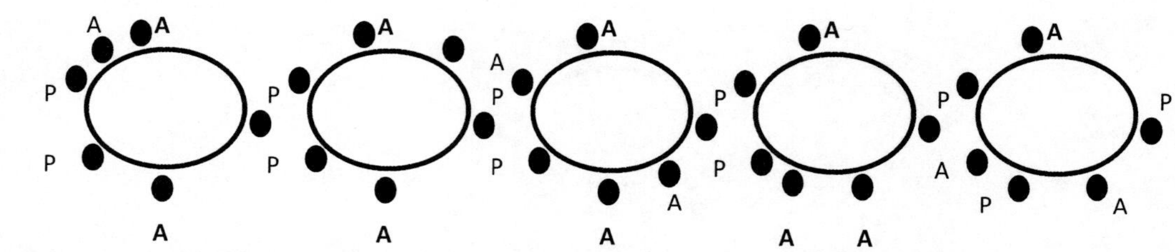

Tipo 2 (PPAAPA) Tipo 2 (PPAAPA) Tipo 3 (PPAPAA) Tipo 3 (PPAPAA) Tipo 4 (PAPAPA)

Finalizando, eis as 4 (quatro) possibilidades que existem para distribuir as letras de PAPADA no formato circular:

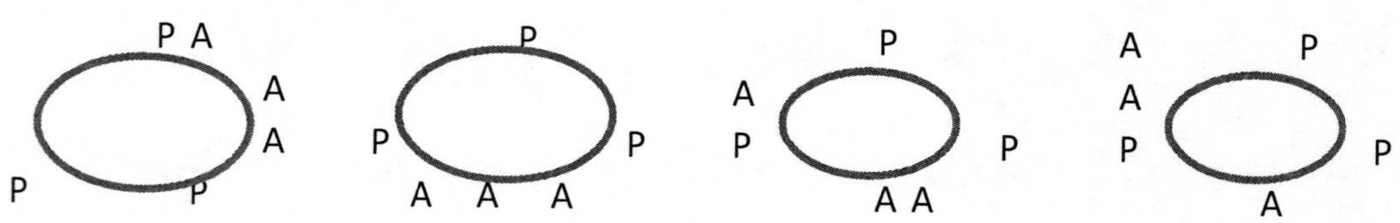

Exemplo 5:

Considere a palavra PAPP. Sabemos que existem $\frac{4!}{3!}$ = 4 distintas permutações com repetição, a saber: APPP, PAPP, PPAP, PPPA.

Podemos determinar o total de permutações circulares com repetição da palavra PAPP aplicando a fórmula: $(PCR)_4^3 = \left\lceil \frac{4!}{3!} . \frac{1}{4} \right\rceil = \lceil 1 \rceil = 1.$

Para desenhar a única permutação circular com repetição da palavra PAPP, sugerimos ao leitor começar, por exemplo, escrevendo as três letras A segundo o formato circular. A seguir, precisa pensar da seguinte maneira: em qualquer posição que a letra P seja colocada só haverá uma permutação circular com repetição, a saber:

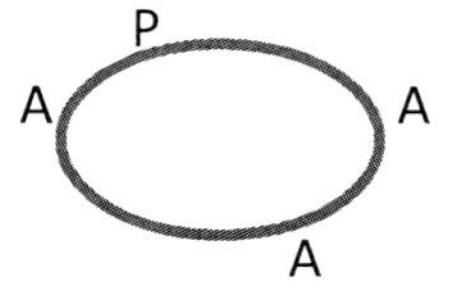

3.3. Problemas

Problema 12.1:

De quantos modos três bonecas e quatro carrinhos, ambos exatamente iguais entre si, podem ser arrumados em formato circular?

Problema 12.2:

De quantos modos as letras da palavra ***PERERECA*** podem ser colocadas em formato circular, de modo que as letras E fiquem juntas?

Problema 12.3:

Quantos são os anagramas da palavra ***AVEIA***, dispostas em formato circular, que não têm as letras iguais uma a seguir da outra?

Problema 12.4:

Quantos são os anagramas da palavra ***LILICO***, dispostas em formato circular, que não têm as letras iguais uma a seguir da outra?

Problema 12.5:

Um colar deve ser cravejado com duas pedras de rubi exatamente iguais, duas pedras de esmeralda exatamente iguais, três pedras de topázio exatamente iguais e uma pedra ametista. De quantos modos isso pode ser feito, admitindo-se que o colar tem um fecho?

Problema 12.6:

Um colar deve ser cravejado com duas pedras de rubi exatamente iguais, duas pedras de esmeralda exatamente iguais, três pedras de topázio exatamente iguais e uma pedra ametista. De quantos modos isso pode ser feito, admitindo-se que o colar não tem fecho?

Problema 12.7:

Um colar deve ser cravejado com duas pedras de rubi exatamente iguais, duas pedras de esmeralda exatamente iguais, três pedras de topázio exatamente iguais e uma pedra ametista. De quantos modos isso pode ser feito, admitindo-se que as pedras de topázio devem estar juntas e a pedra de ametista deve ficar entre as duas pedras de rubi?

CAPÍTULO 4

Permutações Caóticas

4.1. Introdução

Uma permutação simples de n objetos distintos é qualquer ordenação (rearrumação) desses objetos.

Por exemplo, se pensarmos na palavra **EVA** há 6(seis) permutações simples das letras E, V e A, as quais são letras integrantes da palavra EVA.

Alguns autores chamam uma permutação simples na qual os objetos constituintes são letras, de um anagrama. Portanto, EVA é um anagrama da palavra EVA, assim como VAE é também um anagrama da palavra EVA.

Como visto no Capítulo 5, o número de permutações é calculado como $P_3 = 3! = 6$. Então, os anagramas da palavra EVA são: EVA, EAV, AEV, AVE, VAE e VEA.

Dessas 6 permutações simples dentre as letras E, V e A (ou anagramas da palavra EVA), duas delas não têm as letras A, E e V em suas "posições originais" (se considerarmos EVA como parâmetro inicial de arrumação, ou seja: a letra E está na 1ª posição, a letra V está na 2ª posição e a letra A está na 3ª posição).

Os anagramas que não têm todas as letras nas suas "posições originais" são: AEV e VAE.
Essas permutações em que os objetos não estão em suas posições originais são chamadas de *Permutações Caóticas* – conceito objeto de estudo deste capítulo.

O objetivo do capítulo reside em determinar um modo de calcular o total de permutações caóticas dos números (1,2,.....,n) ou, equivalentemente, calcular o total de permutações caóticas de n letras ou objetos distintos que inicialmente estejam arrumados segundo uma ordenação definida.

4.2. O Princípio da Inclusão-Exclusão

O Princípio da Inclusão-Exclusão é um método de cálculo destinado a determinar o total de elementos que pertencem à união de vários conjuntos, não necessariamente conjuntos disjuntos.

No caso de 2(dois) conjuntos: A e B, têm-se: $\#(A \cup B) = \#(A) + \#(B) - \#(A \cap B)$.
Justifica-se essa igualdade, fazendo assim:

Suponha que há ***y*** elementos que pertencem aos conjuntos A e B, que há ***x*** elementos que pertencem ao conjunto A mas não pertencem ao conjunto B e que há ***z*** elementos que pertencem ao conjunto B mas não ao conjunto A.

Assim: $\#(A \cup B) = x + y + z$.

Logo, $\#(A) + \#(B) - \#(A \cap B) = (x + y) + (y + z) - y = x + y + z = \#(A \cup B)$.
Para 3(três) conjuntos: A, B e C, o Princípio da Inclusão-Exclusão determina que:
$\#(A \cup B \cup C) = \#(A) + \#(B) + \#(C) - \#(A \cap B) - \#(A \cap C) - \#(B \cap C) + \#(A \cap B \cap C)$.

Justifica-se como: $\#[A \cup B \cup C] = \#[(A \cup B) \cup C] = \#(A \cup B) + \#C - \#[(A \cup B) \cap C] = \#A + \#B - \#(A \cap B) + \#C - \#[(A \cap C) \cup (B \cap C)] = \#A + \#B - \#(A \cap B) + \#C - \#(A \cap C) - \#(B \cap C) + \#(A \cap C \cap B \cap C) = \#A + \#B + \#C - \#(A \cap B) - \#(A \cap C) - \#(B \cap C) + \#(A \cap B \cap C)$.

Para 4(quatro) conjuntos tem-se: $\#(A \cup B \cup C \cup D) = [\#A + \#B + \#C + \#D] - [\#(A \cap B) + \#(A \cap C) + \#(A \cap D) + \#(B \cap C) + \#(B \cap D) + \#(C \cap D)] + [\#(A \cap B \cap C) + \#(A \cap B \cap D) + \#(A \cap C \cap D) + \#(B \cap C \cap D)] - \#(A \cap B \cap C \cap D)$.

Ademais, o Princípio da Inclusão-Exclusão pode ser generalizado, como segue:

Teorema: Sejam Γ um conjunto, $A_1, A_2, \ldots\ldots, A_n$ subconjuntos de Γ e
$S_0 = \#\Gamma$;

$$S_1 = \sum_{i=1}^{n} (\#Ai);$$

$$S_2 = \sum_{1 \leq i \prec j \leq n}^{n} \#(Ai \cap Aj);$$

$$S_3 = \sum_{1 \le i \prec j \le k \le n}^{n} \#(Ai \cap Aj \cap Ak);$$

....

Há C_1^n parcelas em S_1, C_2^n parcelas em S_2 e assim por diante.

Então:

1) O número de elementos do conjunto Γ que pertencem à exatamente p dos conjuntos $A_1, A_2, \ldots, A_n$ é dado por

$$a_p = \sum_{k=0}^{n-p} (-1)^k C_{p+k}^k S_{p+k};$$

2) O número de elementos do conjunto Γ que pertencem a pelo menos p dos conjuntos $A_1, A_2, \ldots, A_n$ é dado por

$$bp = \sum_{k=0}^{n-p} (-1)^k C_{p+k-1}^k S_{p+k};$$

3) O número de elementos do conjunto $A_1 \cup A_2 \cup A_3 \cup \ldots \cup A_n$ é dado por $S_1 - S_2 + \ldots + (-1)n-1.S_n$.

Segundo Morgado et al (1991), a parte 1), no caso p = 0, é conhecida como a fórmula do crivo, e é devida à J.J.Sylvester (1814-1897). No caso geral é devido à Camille Jordan (1858-1922) e a parte 3) é devido à Daniel Augusto da Silva (1814-1878).

4.3. Permutações Caóticas

Uma permutação de n números (1,2,.....,n) é dita *caótica* (ou uma permutação que está desordenada segundo uma ordem que foi preestabelecida) quando nenhum número está colocado na sua posição original (nesta situação, com números, a posição do número não coincide com o seu valor absoluto).

Assim, por exemplo, as permutações 23451 e 54213 são ditas permutações caóticas pois nenhum dos algarismos, nos dois números, coincide com a sua posição original 12345.

Mas, as permutações 21435 e 21345 não são permutações caóticas pois no caso do número 21435 o 5 está em sua posição original, e no caso do número 21345 os algarismos 3, 4 e 5 estão em seus lugares originais.

O que se quer com esse estudo é obter um método para calcular D_n, o total de permutações caóticas dos n números (1,2,.....,n).

Para isso define-se A_i = conjunto das permutações dos números (1,2,.....,n) em que o número i ocupa o i-ésimo lugar, $i \in \{1,2,.....,n\}$.

Assim, determinar D_n é obter o número de elementos do conjunto Γ (conjunto das permutações simples de (1,2,.....,n) que pertencem a exatamente ***ZERO***, ou seja, nenhum dos conjuntos A_1, A_2, ..., A_n)).

Tem-se:

$S_0 = \#(\Gamma) = n!$

$S_1 = \sum_{i=1}^{n} \#(A_i) = \sum_{i=1}^{n} (n-1)! = C_n^1.(n-1)! = n.(n-1)! = n!$

$S_2 = \sum_{1 \le i \prec j \le n} \#(A_i \cap A_j) = \sum_{1 \le i \prec j \le n} (n-2)! = C_n^2.(n-2)! = \frac{n!}{2!}$

$S_3 = \sum_{1 \le i \prec j \le k \le n} \#(A_i \cap A_j \cap A_k) = \sum_{1 \le i \prec j \le k \le n} (n-3)! = C_n^3.(n-3)! = \frac{n!}{3!}$

....

$S_n = C_n^n \times (n-n)! = \frac{n!}{n!} = 1.$

O número de elementos do conjunto Γ que pertencem a exatamente nenhum dos conjuntos A_1, A_2, ..., A_n é dado por:

$a_0 = \sum_{k=0}^{n-0} (-1)^k C_{0+k}^k S_{0+k} = \sum_{k=0}^{n} (-1)^k S_k =$

$= S_0 - S_1 + S_2 - S_3 + ...+(-1) \times n \times S_n =$

$= n! - n! + \frac{n!}{2!} - \frac{n!}{3!} + ...+ (-1)n.\frac{n!}{n!} =$

$= n! [\frac{1}{0!} - \frac{1}{1!} + \frac{1}{2!} - \frac{1}{3!} + ...+ \frac{(-1)^n}{n!}].$

Assim, o número de permutações caóticas de (1,2,......,n) é dada por:

$$D_n = n!\left[\frac{1}{0!} - \frac{1}{1!} + \frac{1}{2!} - \frac{1}{3!} + \ldots\ldots.. + \frac{(-1)^n}{n!}\right].$$

É possível deduzir a fórmula acima de outro modo, como a seguir:

Considere, então, uma sequência finita de n elementos distintos (a_1, a_2, ..., a_n). O objetivo é o de encontrar uma fórmula para calcular o número de permutações simples da sequência a_1, a_2, ..., a_n em que nenhum dos elementos esteja em sua posição original.

Para isto, se definem os seguintes conjuntos:
Γ = {permutações simples da sequência (a_1, a_2, ..., a_n)}. Assim: # (Γ) = n!

Para conjuntos unitários só há uma maneira de posicionar o único elemento e, portanto, não há permutações caóticas formadas com esse único elemento do conjunto.

Para cada $k \in \{1,2,\ldots\ldots,n\}$, A_k = {permutações simples em que a_k está na posição k original}. Os elementos de A_k consistem das permutações simples de (a_1, a_2, ..., a_n) obtida quando se fixa a_k na k-ésima posição. Logo, para cada $k \in \{1,2,\ldots\ldots,n\}$ tem-se #(A_k) = (n – 1)!, $k \geq 1$. Além disso, a quantidade de conjuntos A_k, são em número de $C_{n,1} = n$ conjuntos unitários.

Analisando-se as interseções dois a dois dentre os conjuntos A_m e A_p com m $\neq p$, m e p pertencentes ao conjunto {1,2,......,n} são tais que $A_m \cap A_p$ = {permutações simples em que a_m e a_p permanecem em suas posições originais}. Assim, neste caso, tem-se que os elementos de cada um dos conjuntos interseção são obtidos fixando-se dois elementos em suas posições originais e considerar as demais permutações entre si dos restantes n – 2 elementos nas n – 2 posições.

Logo, #($A_m \cap A_p$) = (n – 2)!, e a quantidade de interseções dois a dois dentre os conjuntos A_m e A_p com m $\neq p$, m e p pertencentes ao conjunto {1,2,......,n} são em número de $C_{n,2} = \frac{n!}{(n-2)! x\, 2!}$ conjuntos.

Analisando-se as interseções três a três dentre os conjuntos A_m , A_p e A_q com m $\neq p \neq q$, m, p e q pertencentes ao conjunto {1,2,......,n} são tais que $A_m \cap A_p \cap A_q$ = {permutações simples em que a_m, a_p e a_q permanecem em suas posições originais}. Assim, neste caso, tem-se que os elementos de cada um dos conjuntos interseção são obtidos fixando-se três elementos em suas posições originais e considerar as demais permutações entre si dos restantes n – 3 elementos nas n – 3 posições. Logo, $\#(A_m \cap A_p \cap A_q) = (n-3)!$, e a quantidade de interseções três a três dentre os conjuntos A_m, A_p e A_q com $m \neq p$, m, p e q pertencentes ao conjunto {1,2,......,n} são em número de $C_{n,3} = \frac{n!}{(n-3)! x\, 3!}$ conjuntos.

Prosseguindo assim, as interseções n a n dentre os conjuntos A_1, A_2,.........., A_n são tais que $\cap_{k=1}^{n} A_k$, os elementos desse conjunto interseção são obtidos quando se fixam os n elementos em suas posições originais e não sobram elementos para permutarem entre si, pois não há posições restantes. Ou seja, $\#(\cap_{k=1}^{n} A_k) = 1$.

Tomando por base o Princípio da Inclusão-Exclusão, tem-se:

$$\#(\cup_{k=1}^{n} A_k) = (n-1)!\, x\, C_{n,1} - (n-2)!\, x\, C_{n,2} + (n-3)!\, x\, C_{n,3} - \cdots + (-1)^{n-1} x\, 0!\, x\, C_{n,n} = n!\ x\ [\frac{1}{1!} - \frac{1}{2!} + \frac{1}{3!} - \cdots + (-1)^{n-1} x\, \frac{1}{n!}].$$

Portanto,

$$D_n = \#(\Gamma) - \#(\cup_{k=1}^{n} A_k) = n! - n!\ x\ [\frac{1}{1!} - \frac{1}{2!} + \frac{1}{3!} - \cdots + (-1)^{n-1} x\, \frac{1}{n!}] = = n!\ x\ [\frac{1}{0!} - \frac{1}{1!} + \frac{1}{2!} - \frac{1}{3!} + \cdots + (-1)^{n-1} x\, \frac{1}{n!}].$$

Também é possível demonstrar a fórmula acima por indução. Mas, antes, precisamos provar o seguinte resultado:

$$D_{n+2} = (n+1)\ x\ [D_n + D_{n+1}]$$

Fazemos assim:

D_{n+2} é a quantidade de permutações caóticas dos distintos elementos da sequência (a_1, a_2, ..., a_{n+2}). É possível separar estas permutações caóticas em dois grupos: No primeiro grupo ficam as permutações caóticas em que um dado elemento ocupa a 1ª posição e em outro grupo ficam as permutações caóticas em que isso não ocorre, ou seja, as permutações caóticas em que o dado elemento não está posicionado na primeira posição.

As permutações caóticas do primeiro grupo são formadas assim: primeiramente escolhe-se um elemento para trocar de posição com esse escolhido elemento que irá ocupar a primeira posição.

Essa ação pode ser feita de (n + 1) maneiras distintas. Para cada uma dessas maneiras permutam-se os n elementos restantes (uma vez que utilizou-se 2 elementos para fazer a troca, e há n + 2 elementos na sequência), de tal sorte que nenhum deles fique em sua posição original pois não se quer *desfigurar* as permutações caóticas com essas mudanças de posição. Essas ações podem ser feitas, então, de D_n modos. Portanto, o número de permutações caóticas do primeiro grupo é dado por (n + 1) x D_n.

Para computar as permutações caóticas do segundo grupo fazemos assim: escolhe-se uma posição da sequência para alocar um dado elemento, e o elemento que estava na posição escolhida se move, provisoriamente, para a primeira posição. Ora, isso pode ser feito de (n + 1) maneiras distintas. Para cada uma dessas "novas arrumações" faz-se, em seguida, a permutação dos (n + 1) elementos restantes de tal sorte que nenhum deles fique em sua posição original pois não se quer *desfigurar* as permutações caóticas com essas mudanças de posição, e o tal elemento escolhido para aquela posição escolhida não seja colocado na 1ª posição (pois estes casos são próprios dos elementos do 1º grupo). Essas ações podem ser feitas de D_{n+1} modos. Portanto, o número de permutações caóticas do segundo grupo é dado por (n + 1) x D_{n+1}.
Concluímos, então, que: D_{n+2} = (n + 1) x D_n + (n + 1) x D_{n+1} = (n + 1) x [D_n + D_{n+1}].

Voltemos à demonstração da fórmula que computa o total de permutações caóticas de n distintos elementos, qual seja:

$$D_n = n! \times [\frac{1}{0!} - \frac{1}{1!} + \frac{1}{2!} - \frac{1}{3!} + \cdots + (-1)^{n-1} x \frac{1}{n!}]$$

Para n = 1, $D_1 = 1! \times [\frac{1}{0!} - \frac{1}{1!}] = 0$. De fato, como dito antes, conjuntos unitários não permitem obter permutações caóticas entre o seu único elemento constituinte.

Suponha, então, que a afirmação da igualdade acima é válida para qualquer valor de n = k, 1 $\leq k \leq (n+1)$. Particularmente, suponha válida para $D_n = n!\, x \sum_{k=0}^{n} \frac{(-1)^k}{k!}$ e $D_{n+1} = (n+1)!\, x \sum_{k=0}^{n+1} \frac{(-1)^k}{k!}$.
Então, para k = n + 2 e a igualdade anterior, tem-se:
D_{n+2} = (n + 1) x [D_n + D_{n+1}] =
$= (n+1)\left[n!\, x \sum_{k=0}^{n} \frac{(-1)^k}{k!} + (n+1)!\, x \sum_{k=0}^{n+1} \frac{(-1)^k}{k!} \right] =$

$$= (n+1)x\, n!\, x \sum_{k=0}^{n} \frac{(-1)^k}{k!} + (n+1)\, x\, (n+1)!\, x\, \frac{(-1)^{n+1}}{(n+1)!} + (n+1)x\, n!\, x \sum_{k=0}^{n} \frac{(-1)^k}{k!} =$$

$$= (n+2)!\, x \sum_{k=0}^{n} \frac{(-1)^k}{k!} + (n+1)\, x\, (-1)^{n+1} =$$

$$= (n+2)!\, x \sum_{k=0}^{n} \frac{(-1)^k}{k!} + (n+2)\, x\, (-1)^{n+1} - (-1)^{n+1} =$$

$$= (n+2)!\, x \sum_{k=0}^{n} \frac{(-1)^k}{k!} + \frac{(n+2)x(-1)^{n+1}}{(n+2)!} + \frac{(-1)^{n+2}}{(n+2)!} =$$

$$= (n+2)!\; x\, [\sum_{k=0}^{n} \frac{(-1)^k}{k!} + \frac{(n+2)x(-1)^{n+1}}{(n+2)!} + \frac{(-1)^{n+2}}{(n+2)!} == (n+2)!\; x\, [\sum_{k=0}^{n+2} \frac{(-1)^k}{k!}.$$

A igualdade acima mostra a validade de D_n = n! x $[\frac{1}{0!} - \frac{1}{1!} + \frac{1}{2!} - \frac{1}{3!} + \cdots + (-1)^{n-1} x\, \frac{1}{n!}]$ para n = n + 2, o que conclui a demonstração por indução.

Portanto, com base no Princípio da Indução, a fórmula vale para todo número natural não nulo. Pelos valores apresentados na tabela abaixo, observa-se que D_n é aproximadamente igual a $\frac{n!}{e}$. Na verdade, observa-se que D_n é o número inteiro mais próximo de $\frac{n!}{e}$.

n	Dn	$\frac{n!}{e}$
1	0	0,3....
2	1	0,7.....
3	2	2,2.....
4	9	8,8....
5	44	44,1......
.	.	
.	.	
.	.	

Vamos provar, por indução, que tal afirmação é válida para todo número natural n, n diferente de zero.

De fato:

Se n = 1, $D_n = 1!\,[\frac{1}{0!} - \frac{1}{1!}] = 0$. Daí: 0 < 0,3... < 1;

Se n = 2, $D_n = 2!\,[\frac{1}{0!} - \frac{1}{1!} + \frac{1}{2!}] = 1$. Daí: 0 < 0,7... < 1;

Suponha, então, que n > 2.

$$e^x = \frac{1}{0!} + \frac{x}{1!} + \frac{x^2}{2!} + \frac{x^3}{3!} + \ldots\ldots\ldots\ldots$$

Daí, para x = -1, tem-se: $e^{-1} = \frac{1}{0!} - \frac{1}{1!} + \frac{1}{2!} - \frac{1}{3!} + \ldots..$

Como D_n é um número inteiro, vem que:

$$\left|D_n - \frac{n!}{e}\right| = \left|D_n - n!.\frac{1}{e}\right| = \left|D_n - n!.e^{-1}\right| =$$

$$= \left|n!\left(\frac{1}{0!} - \frac{1}{1!} + \ldots. + \frac{(-1)^n}{n!}\right) - n!\left(\frac{1}{0!} - \frac{1}{1!} + \frac{1}{2!} - \ldots\ldots\right)\right| =$$

$$= n! \times \left|\frac{(-1)^{n+1}}{(n+1)!} + \frac{(-1)^{n+2}}{(n+2)!} + \ldots.\right|$$

$$\leq n! \times \left(\frac{1}{(n+1)!} + \frac{1}{(n+2)!} + \ldots..\right) =$$

$$= \frac{1}{n+1} + \frac{1}{(n+1)(n+2)} + \frac{1}{(n+1)(n+2)(n+3)} + \ldots\ldots..$$

$$\leq \frac{1}{n+1} + \frac{1}{(n+1)^2} + \frac{1}{(n+1)^3} + \ldots\ldots$$

$$= \frac{\frac{1}{n+1}}{1 - \frac{1}{n+1}} = \frac{1}{n} < \frac{1}{2}, \text{ se } n > 2.$$

Portanto, se n > 2,

$$\left|D_n - \frac{n!}{e}\right| < \frac{1}{2}$$

A desigualdade acima permite afirmar que D_n é um número inteiro cuja distância até o número $\frac{n!}{e}$ é menor que $\frac{1}{2}$.

Portanto, se n > 2, D_n é o número inteiro mais próximo de $\frac{n!}{e}$.

4.4. Problemas

Problema 13.4.1:

Num prédio há 3 lojas numeradas como 1, 2 e 3. Chegam 3 (três) cartas para o prédio, cada uma endereçada a uma loja, e o porteiro terá de distribuí-las. Qual a probabilidade de todas as cartas terem sido entregues pelo porteiro a destinatários errados, uma carta para cada loja?

Problema 13.4.2:

Há 4 pessoas em um grupo e cada uma delas escolheu uma bola colorida dentre as cores branca, rosa, preta e azul, conforme considere ser a sua cor preferida. Todas as pessoas colocam suas bolas em uma urna e, em seguida, cada uma retira uma bola da urna. Qual a probabilidade de exatamente duas das pessoas terem retirado a bola que é de sua cor preferida?

Problema 13.4.3 (Extraído de Morgado et al, 1991):

Prove que, se n ≥ 3, $D_n = (n-1)(D_{n-1} + D_{n-2})$.

Problema 13.4.4 (Extraído de Morgado et al, 1991):

Definindo $D_0 = 1$, prove que

$$n! = \binom{n}{0}D_n + \binom{n}{1}D_{n-1} + \binom{n}{2}D_{n-2} + \ldots\ldots + \binom{n}{n}D_0.$$

Problema 13.4.5 (Extraído de Morgado et al, 1991):

Prove que

$D_n = nD_{n-1} + (-1)^n$, para n ≥ 2.

Problema 13.4.6:

Quantas são as permutações de (1,2,3,4,5) que têm exatamente dois números nos respectivos lugares originais?

Problema 13.4.7:

Determine o número de permutações caóticas de (1,2,3,4,5,6,7,8,9) nas quais os números 1,2,3 e 4 ocupam, em alguma ordem, os quatro primeiros lugares?

Problema 13.4.8:

Quantas são as permutações de (1,2,3,.....,12) nas quais nenhum número ímpar ocupa o seu lugar original?

Problema 13.4.9 (Extraído de Morgado et al, 1991):

Suponha #A = n. Quantas são as funções f:A→A para as quais a equação f(x) = x não possui solução?

Problema 13.4.10 (Extraído de Morgado et al, 1991):

Suponha #A = n. Quantas são as funções f:A→A bijetoras para as quais a equação f(x) = x não possui solução?

Problema 13.4.11 (Extraído de Morgado et al, 1991):

Quantas são as permutações de (1,2,3,4,5,6,7) que têm exatamente 3 elementos no seu lugar primitivo?

Problema 13.4.12:

Determine o número de permutações caóticas de (1,2,3,4,5,6,7,8,9) nas quais os números 1,2,3 e 4 ocupam, em alguma ordem, os quatro primeiros lugares?

Problema 13.4.13 (Extraído de Morgado et al, 1991):

Determine o número de permutações caóticas de (1,2,3,4,5,6,7,8,9,10) nas quais os números 1,2,3,4 e 5 ocupam, em alguma ordem, os cinco primeiros lugares?

Problema 13.4.14 (Extraído de Morgado et al, 1991):

De quantos modos é possível colocar 8 torres brancas em um tabuleiro de xadrez 8x8 de modo que nenhuma torre fique na diagonal branca e não haja duas torres na mesma linha ou na mesma coluna?

Problema 13.4.15 (Extraído de Morgado et al, 1991):

Dois médicos devem examinar, durante uma mesma hora, 6 pacientes, gastando 10 minutos com cada paciente. Cada um dos 6 pacientes deve ser examinado pelos dois médicos. De quantos modos pode ser feito um horário compatível?

Problema 13.4.16:

Quantas são as permutações de (1,2,3,4) nas quais nenhum número ímpar ocupe o seu lugar primitivo?

Problema 13.4.17:

Quantas são as permutações de (1,2,3,4,5,6) nas quais nenhum número ímpar ocupe o seu lugar primitivo?

Problema 13.4.18:

Quantas são as permutações de (1,2,3,4,5,6,7,8) nas quais nenhum número ímpar ocupe o seu lugar primitivo?

Problema 13.4.19 (Extraído de Morgado et al, 1991):

Quantas são as permutações de (1,2,3,.....,2n) nas quais nenhum número ímpar ocupa o seu lugar original?

Problema 13.4.20:

Um prédio tem 4 (quatro) apartamentos. O carteiro entrega 4 (quatro) cartas ao porteiro, que as distribui aos destinatários, uma carta para cada um dos apartamentos. Qual a probabilidade de o porteiro ter entregue apenas uma carta ao respectivo destinatário?

Problema 13.4.21:

Considere os anagramas da palavra FLAMENGO.

a) Em quantos anagramas nenhuma das letras aparece na posição original, conforme a palavra acima?

b) Em quantos anagramas da palavra FLAMENGO, apenas as letras M e G permanecem em seus lugares originais?

c) Em quantos anagramas da palavra FLAMENGO, apenas duas letras permanecem em seus lugares originais?

d) Em quantos anagramas da palavra FLAMENGO, apenas três letras permanecem em seus lugares originais?

CAPÍTULO 5

Considerações Finais

5.1 Preliminares

Como escrito nas páginas iniciais, este livro destina-se aos alunos do Ensino Médio; alunos dos cursos de Licenciatura e Bacharelado em Matemática; professores do Ensino Médio; professores formadores de futuros professores nos cursos de Licenciaturas, e leitores em geral.

O propósito geral do livro é o de desenvolver e aprofundar o estudo de 4(quatro) tópicos de análise combinatória que habitualmente não são apresentados em livros didáticos da Educação Básica, e em livros do Ensino Superior encontram-se dispersos.

Mas, este livro também tem o particular propósito de preencher possíveis lacunas na formação inicial de futuros professores de matemática que irão atuar na educação básica (Ensino Médio), servindo como livro de cabeceira a todos os que têm de ensinar esses conteúdos, e os que precisam se preparar para concursos.

Igualmente, atende a todos os amantes da matemática - em particular, os amantes da análise combinatória.
Este livro também tem o propósito de colaborar com o trabalho docente dos professores de matemática para o desenvolvimento de ideias básicas de análise combinatória na Educação Básica - permitindo que tenham condições de identificar diferentes abordagens para o desenvolvimento e a exploração de alguns conteúdos.

Por exemplo, ao longo dos anos do Ensino Médio, o professor pode lançar as seguintes perguntas: Quantas são as soluções inteiras positivas da equação $x + y + z = 5$? Um dado é lançado três vezes sucessivamente. Quantas sequências de resultados apresentam soma de pontos menor que 8? Um dado é lançado três vezes sucessivamente. Quantas sequências de resultados apresentam soma de pontos maior que 12?

O autor entende que a exploração de problemas de contagem com alunos do ensino médio tem os seguintes propósitos: conhecer, desenvolver e exercitar o raciocínio combinatório; estruturar a construção e a contagem de agrupamentos de elementos, obtidos por meio de uma representação gráfica, por exemplo, árvore de possibilidades, produto cartesiano, tabela de dupla entrada, esquema, enumeração de elementos, bem como a exploração e a aplicação do princípio multiplicativo e do princípio aditivo (por vezes em conjunto) na resolução de problemas de contagem.

O autor não credita à rotulação de tipos de agrupamentos de objetos como uma ferramenta combinatória que contribui para melhorar a aprendizagem dos alunos na resolução de problemas de contagem - no sentido de que eles possam melhorar a compreensão dos conceitos de análise combinatória subjacentes aos referidos rótulos.

Uma das intenções do autor ao escrever este livro foi a de oferecer opções para o professor explorar e desenvolver conceitos avançados de combinatória com os alunos (não usuais nos livros didáticos do Ensino Médio).

O autor toma como preceito básico imprescindível para o ensino de análise combinatória a ideia de que a resolução de problemas de contagem tem de considerar o raciocínio combinatório como uma ferramenta combinatória básica que deve ser explorada durante o desenvolvimento e a apropriação de um conceito (também durante a construção de uma representação gráfica).

Este preceito, por sua vez, favorece o aluno quanto à compreensão e à utilização de diferentes estratégias e procedimentos necessários para encaminhar a resolução de tipos de problemas de contagem - complexos ou não.

Portanto, toda a experiência com o tratamento das orientações, conhecimentos e conceitos desenvolvidos aqui é imprescindível para a formação matemática dos leitores.

Ademais, todo o texto do livro tem um propósito mais amplo que é o de contribuir para a formação de cidadãos críticos, autônomos e intervenientes - tarefa que os professores têm de abraçar com seus alunos, em qualquer nível de escolaridade.

5.2 Considerações finais

Os problemas de contagem propostos neste livro permitem ao professor identificar nos alunos o surgimento de atitudes de questionamento, autonomia, argumentação e levantamento de hipóteses, bem como a possibilidade de conhecer diferentes maneiras de os alunos apresentarem e quantificarem as soluções para um dado problema.

Por fim, também é possível que o professor identifique quando e como o aluno valida (ou não) hipóteses inicialmente levantadas.

Para tal, lembramos ao professor que essas habilidades são construídas ao longo da exploração de diferenciados problemas de contagem cujas resoluções precisam sempre envolver o exercício do raciocínio combinatório.

A proposição e o encaminhamento dos problemas deste livro permitem que o aluno compare e reflita sobre as soluções apresentadas por outros colegas (em sala de aula ou não) ou pelas intervenções e ampliações que o professor pode fazer durante a experiência vivenciada com todo o grupo.

Tal experiência contribui para enriquecer a experiência individual de cada aluno, segundo a qual cada um tem a oportunidade de mostrar conhecimentos e habilidades que inicialmente já possuía (resultante de experiências vivenciadas), e dos momentos em que terá oportunidade de poder apresentá-las e dividi-las com os colegas nas discussões travadas em grupos menores e com todos (no grupo maior formado por toda a turma).

Tal experiência pedagógica - uma vez proposta - permitirá que o professor conheça e identifique o desenvolvimento dos alunos e como cada um pode contribuir para a melhoria da compreensão de todos com as soluções que apresente para as reflexões e discussões de todo o grupo.

Com essas interações o professor poderá identificar avanços nos conhecimentos, habilidades e competências apresentados pelos alunos.

Esperamos que este livro seja útil ao trabalho do professor e contribua para promover análises críticas a respeito da importância de tratar os conceitos de combinatória, desde os básicos aos mais complexos, de maneira interligada e recorrente.

Com a leitura, resolução e compreensão em relação aos diversificados problemas propostos neste livro (em especial, o enorme número de exemplos de problemas apresentados no capítulo 1), possivelmente o professor se lembre dos tempos em que estudou combinatória (no ensino médio ou em sua formação inicial de professor), faça correlações entre as duas abordagens e talvez conclua que provavelmente não deva ensinar a seus alunos tal qual tenha aprendido.

O autor entende que o ensino da Matemática ao longo da educação básica deve proporcionar ao aluno oportunidades para o pleno desenvolvimento do raciocínio combinatório - uma vez que tal raciocínio permite que tome decisões pautadas em argumentos consistentes, os quais visam provar a veracidade ou a falsidade de uma questão levantada como hipótese.

Além disso, conceitos de combinatória são bastante atraentes para serem desenvolvidos em sala de aula, bem como permitem ao leitor tomar contato com enorme variedade de situações que estão presentes no cotidiano dos cidadãos e aprender como resolvê-las - o que motiva ainda mais o aprender de leitores e alunos pela temática.

REFERÊNCIAS

BATANERO, C. e NAVARRO-PELAYO, V. **Razonamiento combinatório em alumnos de Bachilerato**. Educación Matemática. Madrid, 1996.

BATANERO, C. e GODINO, J.D. **Azar y probabilidad**. Madrid: Stesis, 1996.

BATANERO, C., GODINO, J.D. e NAVARRO-PELAYO, V. **Razonamiento combinatório em alumnos de secundaria**. Educación Matemática. Grupo Editorial Ibero América. V.8. Madrid, 1996.

BRASIL. Secretaria de Educação Fundamental. **Parâmetros Curriculares Nacionais: Matemática** / Secretaria de Educação Fundamental. - Brasília: MEC/SEF, 1997. 142p. Volume 3.

———. Ministério da Educação. Secretaria de Educação Fundamental. **Parâmetros Curriculares Nacionais para o Ensino Fundamental: Matemática**. Brasília: MEC/SEF, 1998.

———. Ministério da Educação. Secretaria de Educação Fundamental. **Parâmetros Curriculares Nacionais para o Ensino Médio: Matemática**. Brasília: MEC/SEF, 1999.

———. Ministério da Educação. Base Nacional Comum Curricular. Proposta preliminar. Terceira versão revista. Brasília: MEC, 2017. Disponível em:

http://basenacionalcomum.mec.gov.br/documentos/bncc-3versao.revista.pdf. Acesso em: 10 jul. 2017.

COBB, P. CONFREY, J., diSESSA, A., LEHRER, R. e SCHAUBLE, L. **Design Experiments in Educational Research**. Educational Researcher, Vol. 32, No. 1, pp. 9-13, jan/fev, 2003.

DEVLIN, K., **Matemática: A ciência dos padrões**. Porto Editora, LDA, Porto, 2002.

FISCHBEIN, E. **The intuitive sources of probabilistic thinking in children**. Dordrecht: Reidel, 1975.

FISCHBEIN, E. e GAZIT, A. T. **The combinatorial solving capacity in children and adolescents**. Zentralblatt fur Didaktik der Mathematik, v. 5, pp. 193-198, 1988.

INHELDER, B. e PIAGET, J. **De la logique de l'enfant à logique de l´adolescent**. Presses Universitaires de France, Paris, 1955.

MORGADO, A. C. O., Carvalho, J. B. P., Carvalho, P. C. P. e Fernandez, P. **Análise Combinatória e Probabilidade**. 1ª edição. SBMIMPA-Fundação VITAE. Rio de Janeiro, 1991.

MORO, M.L.F. e SOARES, M.T.C. **Níveis de raciocínio combinatório e produto cartesiano na escola fundamental**. Educação Matemática Pesquisa, 8, 99-124, 2006.

NAVARRO-PELAYO, V., BATANERO, C. e GODINO, J.D. **Razonamiento combinatório em alumnos de secundaria**, Educación Matemática, 8(1), 26-39, Madrid, 1996.

PLACHA, K.C. e MORO, M.L.F. **Problemas de Produto Cartesiano, Raciocínio Combinatório e Intervenção do Professor**. Psicologia: Teoria e Pesquisa, Jan-Mar 2009, Vol. 25 n. 1, PP. 007-017. Brasília, 2009.

SOARES, M.T. e MORO, M.L. **Psicogênese do raciocínio combinatório e problemas de produto cartesiano na Escola Fundamental**. In: Anais do III Seminário Internacional de Pesquisa em Educação Matemática, Águas de Lindóia, São Paulo, 2006.

STAREPRAVO, A.R. **A resolução de problemas de estrutura multiplicativa por crianças da 3ª série do ensino fundamental**. Dissertação de mestrado, Universidade Federal do Paraná, Curitiba, 2001.

TALL, D. e VINNER, S. **Concept image and concept definition in mathematics with particular reference to limits and continuity**. Educational Studies in Mathematics, 1981.

TEIXEIRA, P.J.M. **Construção da linguagem matemática no Ensino Fundamental: reflexões e práticas relativas ao raciocínio combinatório.** Tese (Doutorado) em Ciências da Educação. Universidad Americana. Assunção, PY, 2012a.

__________. **Um estudo sobre os conhecimentos necessários ao professor de matemática para a exploração de problemas de contagem no Ensino Fundamental.** Tese (Doutorado) em Educação Matemática, UNIBAN – Universidade Bandeirante de São Paulo, São Paulo, SP, 2012b.

__________. **Problemas básicos de Matemática Financeira. Pagar à vista ou pagar parcelado? Qual a taxa de juros? Qual a melhor decisão a tomar?** Editora Ciência Moderna Ltda, 1ª Edição, Rio de Janeiro, 208p, 2017.

__________. **Resolvendo problemas de Análise Combinatória nos anos iniciais do Ensino Fundamental**, Editora Ciência Moderna Ltda, 1ª Edição, Rio de Janeiro, 173p., 2014.

__________. **Práticas acerca do Raciocínio Combinatório no Ensino Fundamental**, NEA – Novas Edições Acadêmicas, 1ª Edição, São Paulo, 456p. 2015. Disponível em: https://www.nea-edicoes.com/catalog/search. Acesso em 25 de julho de 2017.

__________. **Ensino de Análise Combinatória na Educação Básica: Uma trajetória.** 1ª Edição. São Paulo: NEA – Novas Edições Acadêmicas. 376p. 2015. ISBN – 978-3-639-83624-0. Disponível em: https://www.nea-edicoes.com/catalog/search. Acesso em 25 de julho de 2017.

__________. **Resolvendo problemas de Análise Combinatória nos anos finais do Ensino Fundamental**, Editora Ciência Moderna Ltda, 1ª Edição, Rio de Janeiro, 445p., 2018.

__________. **Resolvendo problemas de Análise Combinatória no Ensino Médio**, Editora Ciência Moderna Ltda, 1ª Edição, Rio de Janeiro, 290p., 2019.

TUCKER, A. **Aplied Combinatorics**. 2ª edição. John Wiley and Sons. Nova Iorque, 1984.

VERGNAUD, G. **Multiplicative structures**. In: R. Lesh & M. Landau (Eds.). Acquisition of mathematics: Concepts and process. New York: Academic Press, 1983.

VERGNAUD, G. **La théorie des champs conceptuels**. Récherches em Didactique des Mathématiques, 10(23), 1990.

VERGNAUD, G. **Multiplicative conceptual field: wath and why?** In: Guerson, H. and Confrey, J. (1994). (Eds.) The development of multiplicative reasoning in the leaning of mathematics. Albany, N. Y.: State University of New York Press, 1994.

VERGNAUD, G. **A Teoria dos campos conceituais.** In: BRUN, J. Didáctica das matemáticas. Tradução de Maria José Figueiredo. Lisboa: Instituto Piaget, p. 155-191, 1996.

Impressão e acabamento
Gráfica da Editora Ciência Moderna Ltda.
Tel: (21) 2201 - 6662